华 章 图 书

一本打开的书，一扇开启的门，

通向科学殿堂的阶梯，托起一流人才的基石。

面向WebAssembly编程

应用开发方法与实践

WEBASSEMBLY ORIENTED PROGRAMMING

Application Development Methods and Practices

丁尔男 柴树杉　著

图书在版编目（CIP）数据

面向 WebAssembly 编程：应用开发方法与实践 / 丁尔男，柴树杉著 . —北京：机械工业出版社，2021.1（2022.1 重印）

ISBN 978-7-111-66924-1

I. 面…　II. ① 丁…　② 柴…　III. 编译软件　IV. TP314

中国版本图书馆 CIP 数据核字（2020）第 225107 号

面向 WebAssembly 编程：应用开发方法与实践

出版发行：机械工业出版社（北京市西城区百万庄大街 22 号　邮政编码：100037）

责任编辑：董惠芝　　责任校对：李秋荣

印　　刷：北京市荣盛彩色印刷有限公司　　版　　次：2022 年 1 月第 1 版第 2 次印刷

开　　本：186mm×240mm　1/16　　印　　张：14.75

书　　号：ISBN 978-7-111-66924-1　　定　　价：79.00 元

客服电话：（010）88361066　88379833　68326294　　投稿热线：（010）88379604

华章网站：www.hzbook.com　　读者信箱：hzjsj@hzbook.com

Preface 前　言

为什么要写这本书

WebAssembly 是新一代 Web 虚拟机标准，可以让用各种语言编写的代码都能以接近原生的速度在 Web 中运行。比如，C/C++ 代码可以通过 Emscripten 工具链编译为 wasm 二进制文件，进而导入网页中供 JavaScript 调用。这意味着使用 C/C++ 编写的程序可以直接在网页中运行，而 Rust 语言更是内置了对 WebAssembly 的支持。

作为一种新兴技术，目前 WebAssembly 的相关技术资料尚不丰富，再加上 WebAssembly 的开发涉及多种语言和开发环境，导致其工程化门槛较高。作为国内最早的一批 WebAssembly 开发者，我们非常希望能分享相关知识和方法给读者。

在 2018 年，借 WebAssembly 草案 1.0 发布的契机，我们出版了《WebAssembly 标准入门》一书。但《WebAssembly 标准入门》重点讨论的是 WebAssembly 技术本身，花了大量篇幅讲述虚拟机的底层结构、汇编语言、模块的二进制格式等内容，并未过多讨论如何使用高级语言开发 WebAssembly 应用。因此在 2018 年年底，我们重新思考了如何用 Emscripten 编写友好的 Web 应用这个问题，并形成了本书的前半部分。

2019 年年底，机械工业出版社发出约稿，其时 WASI 技术已经诞生，我们希望能在书中包含 WASI 以及 Rust 等新的技术内容，最终打造了本书目前的结构。本书从 Emscripten 的基本使用开始，介绍了用 C/C++ 开发 WebAssembly 模块的方法，并且以作者在实际工程项目中获取的一手经验为基础，提出了一些一般性的设计原则和技术框架，同时讨论了如何用Rust语言与C/C++语言混合开发WebAssembly应用。

本书理念

我们认为，一个理想的面向Web的C/C++/Rust工程应该对编译目标不敏感，它既可以被编译为本地代码直接运行，也可以被编译为WebAssembly在网页中运行，切换二者只需要更改运行环境，这样便可充分利用现有IDE环境强大的开发、调试、分析、测试等功能，提高工程质量、降低开发成本。但WebAssembly的运行环境毕竟与本地环境有着巨大的差异，因此为了达到上述理想目标，从整体框架到接口设计甚至到函数间的数据交换层面都必须充分考虑Web环境的特点（或者说限制）。这也正是本书所贯彻的“WebAssembly友好”的内涵所在。

读者对象

本书可为以下两类读者带来直接收益：

- 以C/C++/Rust为主力开发语言，并且希望介入前端领域的开发者；
- 希望借助高性能的C/C++/Rust库解决前端性能问题的JavaScript开发者。

如何阅读本书

本书旨在介绍如何使用C/C++/Rust语言开发实用的WebAssembly模块，要求读者具备基本的JavaScript和C/C++开发技能。本书主要分为以下三篇。

- 基础篇（第1章至第3章）：介绍了使用C/C++语言及Emscripten工具链开发WebAssembly模块的基本方法。
- 方法篇（第4章至第8章）：对Emscripten运行时、WebAssembly友好的一般性方法、网络I/O、并发执行、GUI及交互展开讨论。
- 前沿篇（第9章和第10章）：介绍了如何使用Rust语言开发WebAssembly模块和WASI应用。

Contents 目　录

第二篇　方法篇

第三篇　前沿篇

附录

第一篇　*Part 1*

基础篇

Chapter 1 第1章

认识 WebAssembly

WebAssembly 是一种新兴的网页虚拟机标准，它的设计目标包括：高可移植性、高安全性、高效率（包括载入效率和运行效率）、尽可能小的程序体积。作为 Web 平台的第4种语言，WebAssembly 无疑是一项非常重要的技术。但是在学习 WebAssembly 之前，我们首先要搞明白 WebAssembly 的技术内涵、诞生背景。只有这样，才能有的放矢地抓住核心问题。

1.1 WebAssembly 的诞生背景

在目前的 Web 平台上，JavaScript 是唯一的霸主语言。JavaScript 语言为互联网而生，是 Brendan Eich 为 Netscape 公司的浏览器设计的脚本语言，据说前后只花了 10 天的时间就设计成型。为了借当时“明星语言”Java 的东风，这门新语言被命名为 JavaScript。

但是 JavaScript 是弱类型语言，由于其变量类型不固定，因此使用变量前需要先判断其类型，这无疑增加了运算的复杂度，降低了执行效率。随着 Web 技术的高速发展，JavaScript 语言本身的设计和性能面临诸多挑战。

为了提高 JavaScript 的效率，Mozilla 的工程师创建了 Emscripten 项目，尝试通过 LLVM 工具链将 C/C++ 语言编写的程序转译为 JavaScript 代码，并在此过程中创建了 JavaScript 子集 asm.js。asm.js 仅包含可以预判变量类型的数值运算，有效地避免了 JavaScript 弱类型变量语法带来的执行效率低的顽疴。

asm.js 显著提升了 JavaScript 效率，这吸引了来自 Google、Microsoft、Apple 等更多主流浏览器厂商的支持。各大厂商决定采用二进制格式来表达 asm.js 模块（减小模块体积，提升模块加载和解析速度），最终演化出了 WebAssembly 技术。

1.2　Web 的第 4 种语言

WebAssembly 技术自诞生之日起就进入高速发展阶段，在 W3C 官网上受到了多个成员组织的高度评价。

WebAssembly 规范的推出，进一步拓展了 Web 技术的应用场景，让以往无法想象的应用成为可能，也为开发社区提供了更多选择，为提升用户体验提供了技术保障。WebAssembly 标准的正式发布，让 Web 技术社区不再满足于浅尝辄止的保守应用，终于可以大胆地将其作为一个正式的选型方案，这也势必会大力推进相应行业场景的发展。期待在 WebAssembly 标准化的推进过程中看到更多的 WASM 应用大放异彩。

——胡尊杰，360 奇舞团 Web 前端技术经理

热烈祝贺 WebAssembly 标准正式发布！百度一直是 W3C 的坚定支持者、参与者、贡献者和先行者，在 WebAssembly 的 runtime 平台技术、小程序游戏和区块链技术等各个方面都有不错的应用。随着标准的发布，我们将继续联合产业同仁一起打造开放、平等、协作、分享的 Web 新生态，也期待 WebAssembly 标准能为 Web 新生态的繁荣注入全新动力！

——吴萍，百度 App 主任架构师

Web 的能力越来越强，承载的业务越来越复杂，需要的计算能力也越来越强。随着 WebAssembly 技术飞速发展，我们终于迎来了 WebAssembly 标准的正式发布。2008 年，我们迎来了 Web 性能的第一次飞跃——JIT 技术，如今 WebAssembly 将再一次大幅提升 Web 性能。我们得以将更多桌面端的软件高效地

移植到 Web，同时也可以在 Web 中使用 C/C++、Rust、Go 来优化需要大量计算的模块。WebAssembly 技术日益成熟，将促进更多的应用从桌面延伸到 Web，为本就十分强大的 Web 赋予更丰富的功能！

——于涛，腾讯技术总监、Alloyteam 负责人

WebAssembly 的标准化为 Web 技术的发展奠定了坚实的基础，极大地扩展了 Web 应用的边界，解决了传统应用的可移植性问题，提升了 Web 应用性能。作为 W3C 会员，小米将继续支持和探索 WebAssembly 标准的落地应用，包括在浏览器、小游戏等重要场景。未来，小米将持续在业务场景中进一步支持 WebAssembly 的标准化发展。

——周珏嘉，小米集团技术委员会技术总监

以上 4 个评价全部来自中国，这说明国内的 IT 技术已经跟上并参与到国际前沿技术的开发中。WebAssembly 作为一个新兴技术，整个生态和虚拟机本身都在高速开发和完善过程中（国外技术社区甚至开始讨论 WebAssembly 芯片的设计），这对于国内公司和开发人员都是一个巨大的利好机会。该技术的潜在受益者不局限于传统的 Web 前端开发人员，还包括其他语言的开发者。

1.3 本章小结

关于 WebAssembly，有这样一句断言：一切可编译为 WebAssembly 的应用，终将会被编译为 WebAssembly。该断言被称为终结者定律。2018 年 7 月，WebAssembly 1.0 草案正式发布；2019 年 12 月，WebAssembly 正式成为 W3C 国际标准，成为与 HTML、CSS 和 JavaScript 并列的前端技术。WebAssembly 成为新的互联网虚拟机标准，这必将开辟 Web 开发的新纪元！

WebAssembly 是一个虚拟机标准，由于实现简单，未来有可能出现人手一个 WebAssembly 虚拟机的盛况。WebAssembly 不仅可以作为 CPU 的隔离层，也可以作为脚本引擎被嵌入其他语言。曾被大家忽视的 JavaScript 语言大举入侵各个领域的情况将再次上演。

我们将在下一章进入主题，介绍目前 WebAssembly 开发最主流的工具链：Emscripten。

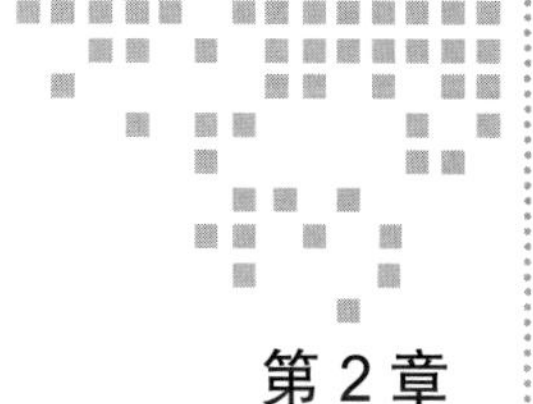

第2章 Chapter 2

Emscripten快速入门

Emscripten是用C/C++语言开发WebAssembly应用的标准工具，是WebAssembly宿主接口事实上的标准之一（另一个是WASI规范）。本章将简要介绍Emscripten的安装，并通过经典的“你好，世界！”例程展示如何使用Emscripten将C/C++代码编译为WebAssembly。

2.1 安装Emscripten

Emscripten包含了将C/C++代码编译为WebAssembly所需的完整工具集（LLVM、Node.js、Python、Java等），不依赖于任何其他的编译器环境。本节将介绍如何安装Emscripten。

2.1.1 使用emsdk命令行工具安装Emscripten

1. 下载最新版Python

emsdk是一组基于Python的脚本，因此首先需要安装Python。我们可在官网https://www.python.org/downloads/下载并安装最新版Python。

2. 下载 emsdk

Python 准备就绪后，下载 emsdk 工具包，熟悉 Git 的读者可以直接使用下列命令行在本地克隆 emsdk 库：

```
Git clone https://Github.com/juj/emsdk.Git
```

不熟悉 Git 的读者可以访问 https://Github.com/juj/emsdk，然后点击页面右上方的“Clone or download”下载 emsdk 库并解压到本地，如图 2-1 所示。

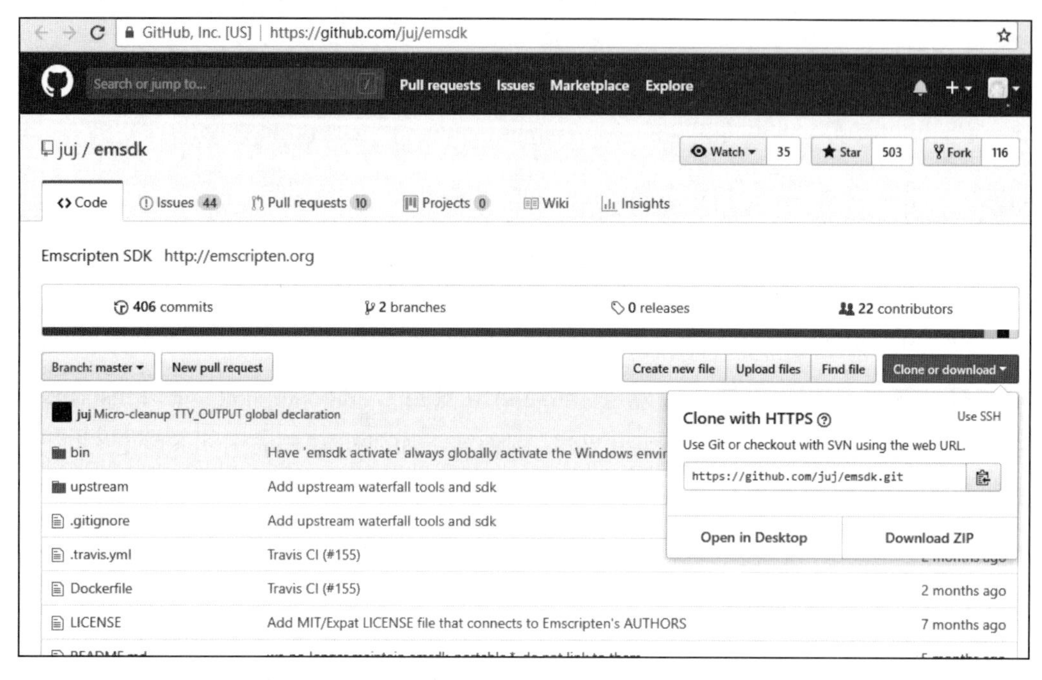

图 2-1 下载 emsdk

3. 安装并激活 Emscripten

（1）对于 MacOS 或 Linux 用户，在控制台切换至 emsdk 所在目录，代码如下：

```
./emsdk update
./emsdk install latest
```

emsdk 联网下载并安装 Emscripten 最新版的各个组件。安装完毕后，执行以下命令，配置并激活已安装的 Emscripten：

```
./emsdk activate latest
```

在新建的控制台中，切换至 emsdk 所在目录，代码如下：

```
source ./emsdk_env.sh
```

然后为当前控制台配置 Emscripten 各个组件的 PATH 等环境变量。

（2）对于 Windows 用户，安装 Emscripten 的方法基本一致。执行代码的区别是使用 emsdk.bat 代替 emsdk，使用 emsdk_env.bat 代替 source ./emsdk_env.sh。具体安装及激活 Emscripten 的执行命令如下：

```
emsdk.bat update
emsdk.bat install latest
emsdk.bat activate latest
```

设置环境变量命令：

```
emsdk_env.bat
```

提示　安装及激活 Emscripten 只需要执行一次，然后在新建的控制台中设置一次环境变量，即可使用 Emscripten 核心命令 emcc。在 Windows 环境下，如果想把 Emscripten 的环境变量设置为全局变量，可以以管理员身份运行 emsdk.bat activate latest --global。该命令将更改系统的环境变量，使得以后无须再运行 emsdk_env.bat。但该方法有潜在的副作用：将环境变量指向了 Emscripten 内置的 Node.js、Python、Java 组件，若系统中安装了这些组件的其他版本，可能引发冲突。

2.1.2　在 Docker 环境中安装 Emscripten

如果读者熟悉 Docker 工具，也可以在 Docker 环境中安装 Emscripten。Docker 环境的 Emscripten 是完全隔离的，对宿主机环境不会造成任何影响。Docker 仓库的 apiaryio/emcc 镜像提供了完整的 Emscripten 打包。

比如，通过本地的 emcc 编译 hello.c 文件，可以使用以下命令：

```
$ emcc hello.c
```

在 Docker 环境下，对应以下命令：

```
$ docker run --rm -it -v 'pwd':/src apiaryio/emcc emcc hello.c
```

其中，参数 --rm 表示运行结束后删除容器资源；参数 -it 表示定向容器的标准输入和输出到命令行环境；参数 -v 'pwd':/src 表示将当前目录映射到容器的 /src 目录；

参数 apiaryio/emcc 表示容器对应镜像的名字，里面包含了 Emscripten 开发环境；参数 emcc 表示容器中运行的命令，和本地的 emcc 命令是一致的。

以上命令默认获取的是最新的 Emscripten 版本。由于 Emscripten 升级时并不能保证完全兼容旧有代码，因此对于正式的工程项目，我们推荐使用 Emscripten 时，显式指定欲使用的版本。容器镜像的全部版本可以从这里查看：https://hub.docker.com/r/apiaryio/emcc/tags/。如果将 apiaryio/emcc 替换为 apiaryio/emcc:1.38.11，表示采用的是 v1.38.11 版本的镜像。

2.1.3 校验安装

Emscripten 安装 / 激活且设置环境变量后，我们可通过 emcc –v 命令查看版本信息，以验证 Emscripten 是否正确安装。若一切正常，执行 emcc -v 命令后，控制台将输出以下日志：

```
>emcc -v
emcc (Emscripten gcc/clang-like replacement + linker emulating GNU ld) 1.38.11
clang version 6.0.1  (emscripten 1.38.11 : 1.38.11)
Target: x86_64-pc-windows-msvc
Thread model: posix
InstalledDir: E:\Tool\emsdk\clang\e1.38.11_64bit
INFO:root:(Emscripten: Running sanity checks)
```

由于 Emscripten v1.37.3 才开始正式支持 WebAssembly，因此已经安装过 Emscripten 旧版本的用户最好升级至最新版。本书均以 Emscripten v1.38.11 为准。

2.2 你好，世界！

本节将从经典的“你好，世界！”例程入手，介绍如何使用 Emscripten 编译 C/C++ 代码并运行测试。

2.2.1 生成 .wasm 文件

新建一个名为 hello.cc 的 C 源文件，为了正确标识中文字符串，将其保存为 UTF8 编码，代码如下：

```
//hello.cc
```

```
#include <stdio.h>

int main() {
    printf("你好，世界！\n");
    return 0;
}
```

进入控制台，使用 2.1 节介绍的 emsdk_env 命令设置 Emscripten 环境变量后，切换至 hello.cc 所在的目录，执行以下命令进行编译：

```
emcc hello.cc
```

在 hello.cc 所在的目录下得到两个文件：a.out.wasm 以及 a.out.js。其中，a.out.wasm 为 C 源文件编译后形成的 WebAssembly 汇编文件；a.out.js 是 Emscripten 生成的胶水代码，其中包含了 Emscripten 的运行环境和 .wasm 文件的封装，导入 a.out.js 即可自动完成 .wasm 文件的载入 / 编译 / 实例化、运行时初始化等繁杂的工作。

使用 -o 选项可以指定 emcc 的输出文件，代码如下：

```
emcc hello.cc -o hello.js
```

编译后的成果文件分别为 hello.wasm 以及 hello.js。

2.2.2　运行

与原生代码不同，C/C++ 代码被编译为 WebAssembly 后是无法直接运行的。我们需要将它导入网页发布，之后通过浏览器来执行。

在 hello.js 所在目录下，新建一个名为 test.html 的网页文件，代码如下：

```
<!doctype html>

<html>
  <head>
    <meta charset="utf-8">
    <title>Emscripten：你好，世界！</title>
  </head>

  <body>
    <script src="hello.js"></script>
  </body>
</html>
```

将 test.html、hello.js、hello.wasm 所在的目录通过 HTTP 协议发布后，使用浏

览器打开 test.html 网页文件，打开开发者面板（Chrome 浏览器下使用 F12 快捷键），可以看到控制台输出，如图 2-2 所示。

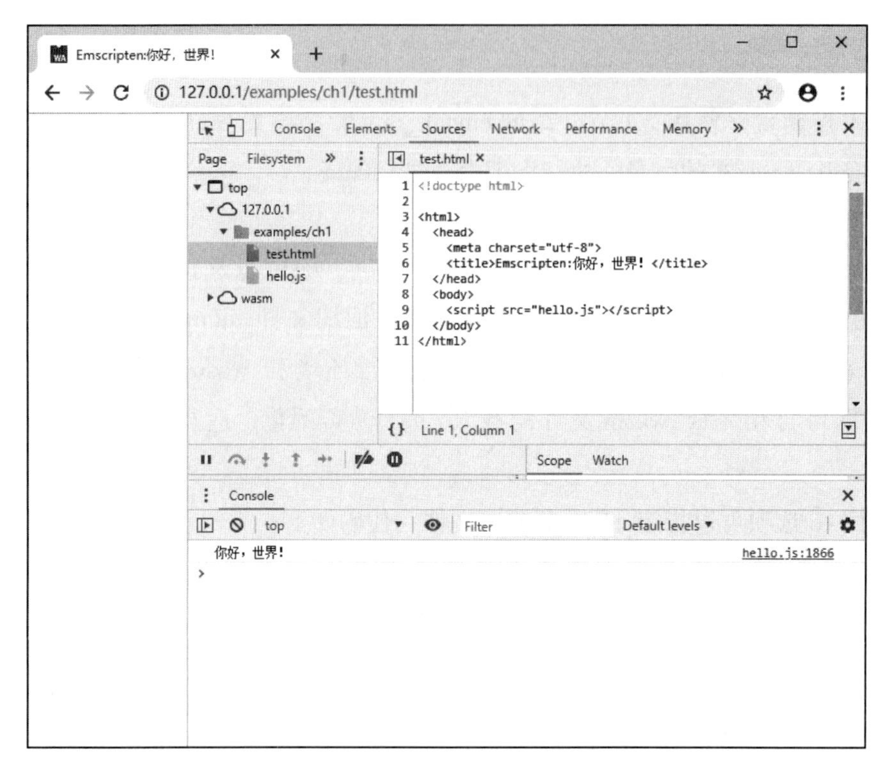

图 2-2　“你好，世界！”例程运行效果

提示　WebAssembly 例程通过网页发布后方可运行。本书的例程目录中有一个名为 py_simple_server.bat 的批处理文件。该批处理文件用于在 Windows 操作系统下使用 Python 将当前目录设置为 http 服务，端口为 8000。当然您也可以使用 nginx/IIS/apatch 或任意一种惯用的工具来完成该操作。

WebAssembly 程序不仅可以在网页中运行，也可以在 Node.js 8.0 及以上的版本中运行。Emscripten 自带了 Node.js 环境，因此我们可以直接使用 node 来测试刚才的程序：

```
> node hello.js
你好，世界!
```

2.2.3 使用 Emscripten 生成测试页面

使用 emcc 命令进行编译时，若指定输出文件后缀为 .html，那么 Emscripten 不仅会生成 WebAssembly 汇编文件 .wasm、JavaScript 环境胶水代码 .js，还会额外生成一个 Emscripten 测试页面，例如：

```
emcc hello.cc -o hello.html
```

上述命令执行后，将获得 hello.wasm、hello.js 以及 hello.html。其中，hello.wasm、hello.js 与使用 -o hello.js 参数时获得的文件内容是一致的。将这些编译成果所在的目录发布后，使用浏览器访问 hello.html，可以看到页面显示如图 2-3 所示。

图 2-3 Emscripten 生成的测试页面运行效果

页面下方是一个模拟标准控制台输入 / 输出区域；其上方较小的黑色区域是一个画布，可用于模拟图形界面。页面自动载入 hello.js 文件，并在控制台正确输出了“你好，世界！”。

Emscripten自动生成的测试页面使用很方便，但是其页面代码量很大，不利于讲解，因此除特殊说明外，本书均使用手动编写的网页进行测试。

2.3 胶水代码初探

Emscripten在编译时，生成了大量的JavaScript胶水代码。本节将简要介绍WebAssembly模块载入以及WebAssembly函数导出等重要阶段的代码，以帮助大家掌握Emscripten整体的运行框架。

打开2.2节中由Emscripten生成的JavaScript胶水代码hello.js，我们可以发现，大多数的操作都围绕全局对象Module展开。而该对象正是Emscripten程序运行时的核心所在。

> 提示 跳过本节不会影响后续章节的阅读。但如果您对Emscripten模块载入等细节感兴趣，想理解胶水代码的结构，可以阅读本节。随着Emscripten的版本升级，其生成的胶水代码有可能发生变化。本节展示的代码均基于Emscripten 1.38.11。

2.3.1 WebAssembly汇编模块载入

WebAssembly汇编模块（即.wasm文件）的载入是在doNativeWasm函数中完成的。其核心部分如下：

```
function instantiateArrayBuffer(receiver) {
  getBinaryPromise().then(function(binary) {
    return WebAssembly.instantiate(binary, info);
  }).then(receiver).catch(function(reason) {
    err('failed to asynchronously prepare wasm: ' + reason);
    abort(reason);
  });
}
// Prefer streaming instantiation if available.
if (!Module['wasmBinary'] &&
    typeof WebAssembly.instantiateStreaming === 'function' &&
    !isDataURI(wasmBinaryFile) &&
    typeof fetch === 'function') {
    WebAssembly.instantiateStreaming(fetch(wasmBinaryFile,
```

```
    { credentials: 'same-origin' }), info)
    .then(receiveInstantiatedSource)
    .catch(function(reason) {
      // We expect the most common failure cause to be
      // a bad MIME type for the binary,
      // in which case falling back to ArrayBuffer instantiation
      // should work.
      err('wasm streaming compile failed: ' + reason);
      err('falling back to ArrayBuffer instantiation');
      instantiateArrayBuffer(receiveInstantiatedSource);
    });
} else {
  instantiateArrayBuffer(receiveInstantiatedSource);
}
```

上述代码其实只完成了这几件事：

1）尝试使用 WebAssembly.instantiateStreaming() 方法创建 wasm 模块的实例；

2）如果流式创建失败，改用 WebAssembly.instantiate() 方法创建实例；

3）成功实例化后的返回值交由 receiveInstantiatedSource() 方法处理。

其中，receiveInstantiatedSource() 相关代码如下：

```
function receiveInstance(instance, module) {
  exports = instance.exports;
  if (exports.memory) mergeMemory(exports.memory);
  Module['asm'] = exports;
  Module["usingWasm"] = true;
  removeRunDependency('wasm-instantiate');
}

......

function receiveInstantiatedSource(output) {
  // 'output' is a WebAssemblyInstantiatedSource
  // object which has both the module and instance.
  // receiveInstance() will swap in the exports (to Module.asm)
  // so they can be called
  assert(Module === trueModule, 'the Module object should not be replaced during
  async compilation - perhaps the order of HTML elements is wrong?');
  trueModule = null;
  receiveInstance(output['instance'], output['module']);
}
```

receiveInstantiatedSource() 方法调用了 receiveInstance() 方法。receiveInstance() 方法中的执行指令如下：

```
Module['asm'] = exports;
```

将 wasm 模块实例的导出对象传给 Module 的子对象 asm。手动添加并打印实例导出对象的代码如下：

```
function receiveInstance(instance, module) {
......
Module['asm'] = exports;
console.log(Module['asm']);  //print instance.exports
......
```

执行代码后，浏览器控制台输出如图 2-4 所示。

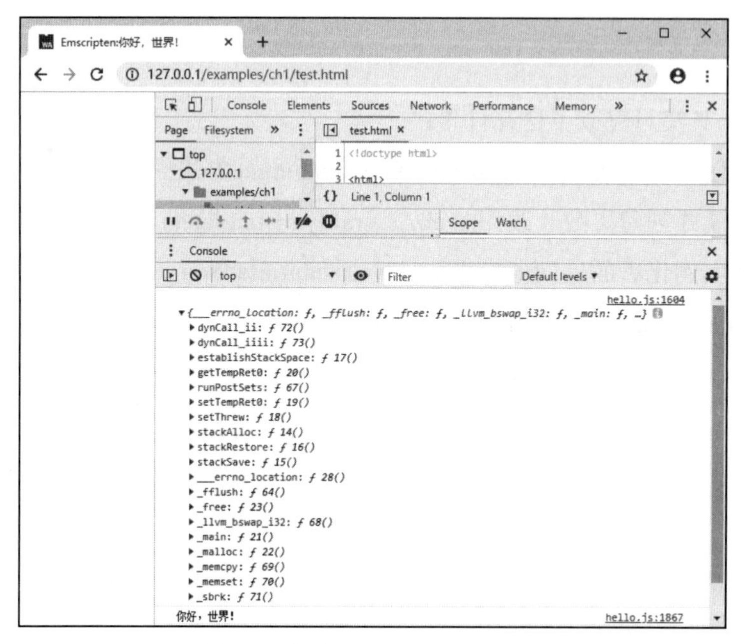

图 2-4 打印 Module['asm'] 对象

由此可见，上述一系列代码运行后，Module['asm'] 中保存了 WebAssembly 实例的导出对象，而导出函数恰是 WebAssembly 实例供外部调用的最主要入口。

2.3.2 导出函数封装

为了方便调用，Emscripten 为 C/C++ 中的导出函数提供了封装。在 hello.js 中，我们可以找到大量这样的封装代码：

```
......
var_main = Module["_main"] = function() {
```

```
  assert(runtimeInitialized, 'you need to wait for the runtime to be ready (e.g.
wait for main() to be called)');
  assert(!runtimeExited, 'the runtime was exited (use NO_EXIT_RUNTIME to keep
it alive after main() exits)');
  return Module["asm"]["_main"].apply(null, arguments) };
var _malloc = Module["_malloc"] = function() {
  assert(runtimeInitialized, 'you need to wait for the runtime to be ready (e.g.
wait for main() to be called)');
  assert(!runtimeExited, 'the runtime was exited (use NO_EXIT_RUNTIME to keep
it alive after main() exits)');
  return Module["asm"]["_malloc"].apply(null, arguments) };
......
```

在 Emscripten 中，C 函数导出时，函数名前会添加下划线。上述代码分别提供了 main() 以及 malloc() 函数的封装；var _main() 以及 Module._main() 对应的都是 hello.cc 中的 main() 函数。我们可以在浏览器控制台中手动执行 main() 以及 Module._main() 进行检验，运行结果如图 2-5 所示。

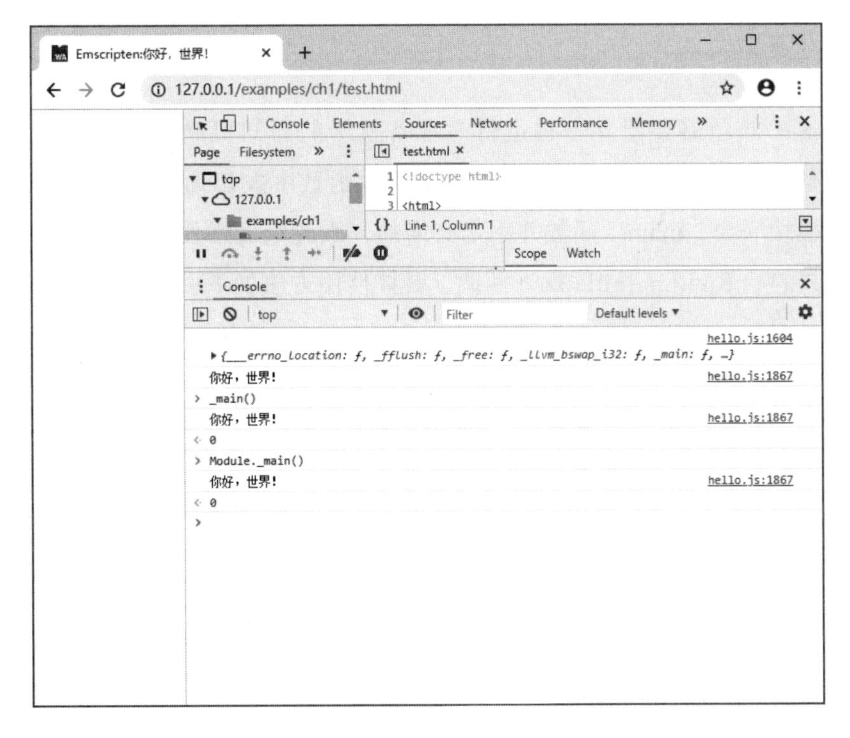

图 2-5　手动调用 main() 以及 Module._main()

不出所料，_main() 和 Module._main() 都执行了 C 代码中的 main() 函数，输出

了“你好，世界！”。

2.3.3 异步加载

WebAssembly 实例是通过 WebAssembly.instantiateStreaming() 或 WebAssembly.instantiate() 方法创建的，而这两个方法均为异步调用，这意味着 .js 文件加载完成时 Emscripten 的运行时并未准备就绪。倘若我们修改 test.html，载入 hello.js 后可立即执行 Module._main()，执行代码如下：

```
<body>
  <script src="hello.js"></script>
  <script>
    Module._main();
  </script>
</body>
```

执行上述代码后，控制台将输出以下错误信息：

```
Assertion failed: you need to wait for the runtime to be ready (e.g. wait for
    main() to be called)
```

解决这一问题需要建立一种运行时准备就绪的通知机制，为此 Emscripten 提供了多种解决方案，最简单的方法是在 main() 函数中发出通知。但是对于多数纯功能性的模块来说，main() 函数并不是必需的，因此笔者常使用的方法是不依赖于 main() 函数的 onRuntimeInitialized 回调，具体使用方法如下：

```
<body>
  <script>
    Module = {};
    Module.onRuntimeInitialized = function() {
      //do sth.
      Module._main();
    }
  </script>
  <script src="hello.js"></script>
</body>
```

其基本思路是在 Module 初始化前，向 Module 中注入一个名为 onRuntimeInitialized 的方法，当 Emscripten 的运行时准备就绪时，将会回调该方法。在 hello.js 中，我们可以观察到回调该方法的过程：

```
function run(args) {
  ......
```

```
    ensureInitRuntime();

    preMain();

    if (Module['onRuntimeInitialized']) Module['onRuntimeInitialized']();

    if (Module['_main'] && shouldRunNow) Module['callMain'](args);

    postRun();
  ......
}
```

提示 本书示例代码中将大量使用 onRuntimeInitialized 回调方法作为测试函数入口。

2.4 编译目标及编译流程

Emscripten 可以设定两种不同的编译目标，即 WebAssembly 以及 asm.js。本节将简要介绍二者的区别，以及在不同编译目标下的编译流程。

2.4.1 编译目标的选择

事实上，Emscripten 的诞生早于 WebAssembly。在 WebAssembly 标准出现前的很长一段时间内，Emscripten 的编译目标是 asm.js。Emscripten 自 v1.37.3 版本起，才开始正式支持编译为 WebAssembly。

以 asm.js 为编译目标时，C/C++ 代码被编译为 .js 文件；以 WebAssembly 为编译目标时，C/C++ 代码被编译为 .wasm 文件及对应的 .js 胶水代码文件。两种编译目标从应用角度来说差别不大——它们使用的内存模型、函数导出规则、JavaScript 与 C 相互调用的方法等都是一致的。二者在实际应用中的主要区别在于模块加载的同步和异步：以 asm.js 为编译目标时，由于 C/C++ 代码被完全转换成了 asm.js（JavaScript 子集），因此可以认为模块是同步加载的；而以 WebAssembly 为编译目标时，由于 WebAssembly 的实例化方法本身是异步指令，因此可以认为模块是异步加载的。以 asm.js 为编译目标的工程切换至 WebAssembly 时，容易出现

Emscritpen 的运行时未准备就绪就调用了 Module 功能的问题，此时我们需要按照 2.3.3 节提供的方法予以规避。

Emscripten 自 v1.38.1 起，默认的编译目标切换为 WebAssembly。如果仍然需要以 asm.js 为编译目标，只需要在调用 emcc 时添加 -s WASM=0 参数，例如：

```
> emcc hello.cc -s WASM=0 -o hello_asm.js
```

WebAssembly 是二进制格式，具有体积小、执行效率高的先天优势。作为比较，上述 emcc 命令生成的 hello_asm.js 内存约 300KB，而 WebAssembly 版本的 hello.js 与 hello.wasm 文件内存加在一起还不到 150KB，因此在兼容性允许的情况下，应尽量以 WebAssembly 为编译目标。

2.4.2 编译流程

emcc 编译 C/C++ 代码的流程如图 2-6 所示。

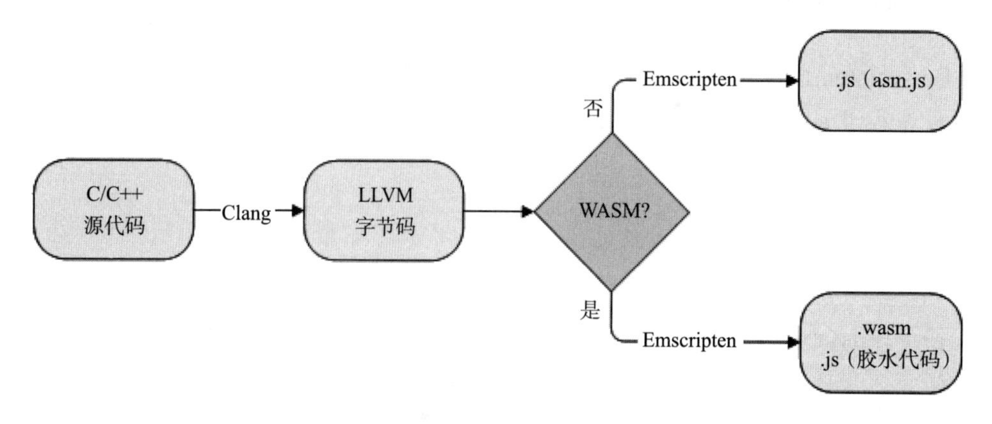

图 2-6 emcc 编译流程

我们可以看到，C/C++ 代码首先通过 Clang 编译为 LLVM 字节码，然后根据不同的目标编译为 asm.js 或 wasm。

emcc 支持绝大多数的 Clang 编译选项，比如 -s OPTIONS=VALUE、-O、-g 等。除此之外，为了适应 Web 环境，emcc 增加了一些特有的选项，如 --pre-js <file>、--post-js <file> 等。

与 Clang 类似，emcc 所有的选项列表可以通过如下命令查看：

```
emcc --help
```

2.5　示例：放大镜特效

Tweetable Mathematical Art 是国际知名的图像生成程序大赛，规则是基于简单的数学公式渲染出一个图像，具体是用 C 语言提供 RD()、GR()、BL() 三个函数，分别用于生成红、绿、蓝三个颜色，每个函数有 *i* 和 *j* 两个参数，分别表示该像素在图像中的坐标（图像大小是 1024 × 1024）。每个函数的长度不能超过 140 个字符。本节将尝试用 C 语言实现一个具有放大镜效果的图像，并最终通过 Emscripten 生成网页版的展示程序。

2.5.1　模板程序

下面是 Tweetable Mathematical Art 比赛的模板程序：

```
#include <math.h>
#include <stdio.h>
#include <stdlib.h>

#define DIM 1024
#define DM1 (DIM-1)
#define _sq(x) ((x)*(x)) // square
#define _cb(x) abs((x)*(x)*(x)) // absolute value of cube
#define _cr(x) (unsigned char)(pow((x),1.0/3.0)) // cube root

static FILE * fp = NULL;

unsigned char GR(int,int);
unsigned char BL(int,int);

unsigned char RD(int i,int j){
    return 0; // YOUR CODE HERE
}
unsigned char GR(int i,int j){
    return 0; // YOUR CODE HERE
}
unsigned char BL(int i,int j){
    return 0; // YOUR CODE HERE
}

void pixel_write(int i, int j){
    static unsigned char color[3];
    color[0] = RD(i,j)&255;
```

```
        color[1] = GR(i,j)&255;
        color[2] = BL(i,j)&255;
        fwrite(color, 1, 3, fp);
    }

    int main() {
        fp = fopen("MathPic.ppm","wb");
        fprintf(fp, "P6\n%d %d\n255\n", DIM, DIM);
        for(int j=0;j<DIM;j++) {
            for(int i=0;i<DIM;i++) {
                pixel_write(i,j);
            }
        }
        fclose(fp);
        return 0;
    }
```

开始的 5 行代码定义了一组辅助宏（因为比赛有代码数限制，所以通过宏来减少代码量），DIM 宏定义了图像的边长，_sq()、_cb() 和 _cr() 是一些可选用的数学函数。RD()、GR()、BL() 三个函数是需要参赛者填充的函数，这里都是返回 0（表示黑色）。pixel_write 函数会调用 RD()、GR()、BL() 三个函数为图像中的每个像素生成对应颜色，参数是该像素的行列坐标。

编译并运行该程序可以得到一个 1024 × 1024 大小的 ppm 格式的黑色图像。稍后我们将通过调整 RD()、GR()、BL() 三个函数，最终产生放大镜效果的图像。

2.5.2 静态的放大镜

放大镜图像如图 2-7 所示。

图像的背景是一个黑白相间的棋盘格子。虚拟的放大镜聚焦在图像的中心，并在一定的半径范围内产生了放大镜透视的效果。因为背景是一个黑白图像，因此 RD()、GR()、BL() 三个函数返回值也是一样的。BL() 函数的实现代码如下：

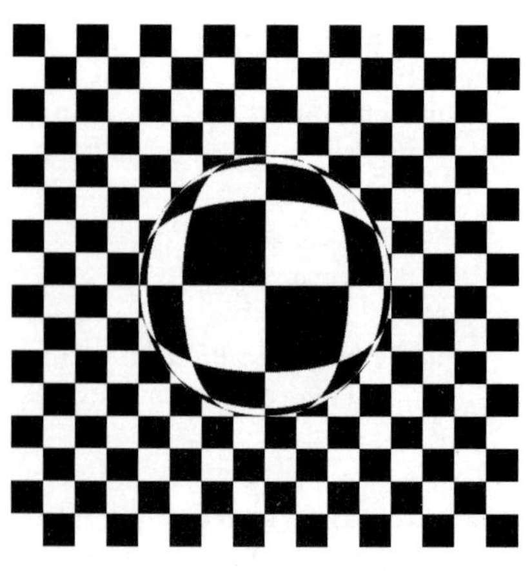

图 2-7 放大镜程序效果

```
const int center_x = 1024/2;
const int center_y = 1024/2;

unsigned char RD(int i, int j) {
```

```
    return BL(i, j);
}

unsigned char GR(int i, int j) {
    return BL(i, j);
}

unsigned char BL(int i, int j) {
    const int n = 3;

    float r = sqrt(0.f+_sq(i-center_y)+_sq(j-center_x));
    float s = r/((DIM/2)/2);

    if(s < 1) {
        i -= center_y;
        j -= center_x;

        float k = (
            sqrt(1.-_sq(s)) * sqrt(1.-_sq(s/n)) +
            _sq(s)/n
        ) * n;

        i = i/k + center_y;
        j = j/k + center_x;
    }

    return (i/((DIM/2)/8)+j/((DIM/2)/8))%2*255;
}
```

上述代码中，center_x 和 center_y 表示放大器的中心位置坐标，初始值为图像中心。我们可以看到，代码核心是根据当前像素的坐标和放大镜中心坐标的关系，通过数学运算产生放大镜投影效果。

2.5.3　动态的放大镜

通过鼠标移动放大镜的中心位置，可以产生动态的放大镜效果。Emscripten 封装了基础的 SDL 库，可以轻松实现鼠标的移动。

下面基于 SDL 库重写 main() 函数，代码如下：

```
SDL_Surface *screen = NULL;

int main() {
    SDL_Init(SDL_INIT_VIDEO);
    screen = SDL_SetVideoMode(DIM, DIM, 32, SDL_ANYFORMAT);
```

```
    if(screen == NULL) {
        SDL_Quit();
        return 1;
    }

    emscripten_set_main_loop(renderloop,0,0);
    return 0;
}
```

上述代码中，首先通过 SDL_Init() 函数初始化视图，我们可以将这个视图想象为一个游戏场景的窗口。然后通过 SDL_SetVideoMode() 函数获取视图对象（保存视图对象的 screen 是一个全局变量）。最后通过 emscripten_set_main_loop() 进入 Emscripten 的消息循环，每次循环都调用 renderloop() 函数渲染视图。

其中，renderloop() 函数的实现代码如下：

```
SDL_Surface *screen = NULL;
int center_x = DIM/2;
int center_y = DIM/2;

void renderloop() {
    SDL_Flip(screen);
    if (SDL_MUSTLOCK(screen)) {
        SDL_LockSurface(screen);
    }

    SDL_Event event;
    while(SDL_PollEvent(&event)) {
        switch(event.type) {
        case SDL_QUIT:
            break;

        case SDL_MOUSEMOTION:
            if(center_x != event.button.x || center_y != event.button.y) {
                center_x = event.button.x;
                center_y = event.button.y;

                // 重新生成图像
            }
            break;
        }
    }

    if (SDL_MUSTLOCK(screen)) {
        SDL_UnlockSurface(screen);
    }
}
```

上述代码中，首先通过 SDL_Flip() 函数刷新窗口图像，然后通过 SDL_PollEvent() 函数处理鼠标事件（具体对应 SDL_MOUSEMOTION 分支的代码）。如果鼠标的位置和当前 center_x 和 center_y 表示的放大镜中心位置不同，表示放大镜的位置随着鼠标的移动发生了变化，需要重新生成放大镜图像。

重新生成图像的方式和 pixel_write() 函数类似：

```
for (int i = 0; i < DIM; i++) {
    for (int j = 0; j < DIM; j++) {
        *((Uint32*)screen->pixels + i * DIM + j) = SDL_MapRGBA(screen->format,
            RD(i, j)&255, GR(i, j)&255, BL(i, j) & 255, 255
        );
    }
}
```

首先在循环里调用 RD()、GR()、BL() 三个函数为视图对应图像的每个像素生成红、绿、蓝三个颜色，然后通过 SDL_MapRGBA() 函数转换为 SDL 的颜色模型。

通过 emcc hello.cc -o index.html -O1 命令编译生成 index.html 页面文件，生成页面之后在本地启动一个 Web 服务，然后在浏览器中打开页面就可以看到放大镜效果了。动态放大镜效果如图 2-8 所示。

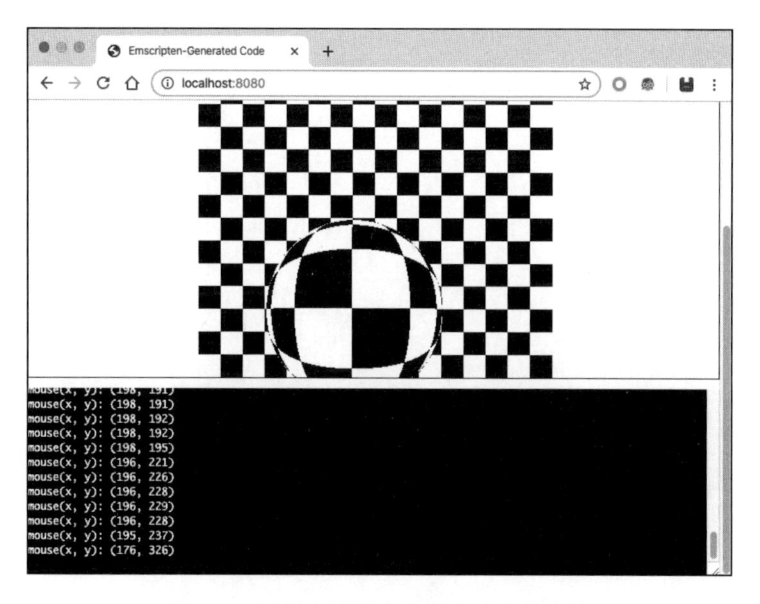

图 2-8　运行在网页中的图片动态放大镜

窗口的上半部分是放大镜视图区域，下半部分是标准输出信息的调试窗口。当鼠标发生移动时，调试窗口输出鼠标坐标的变化信息，同时放大镜也会同步移动。这样我们就基于 SDL 框架实现了动态的放大镜程序展示。

2.6 本章小结

本章介绍了 Emscripten 环境的安装和基本使用方法。Emscripten 工具链较长，涉及 LLVM、Python 等多个第三方库。常见的安装问题多数是第三方库版本冲突导致的。关于 Emscripten 安装的更多详细信息，读者可以访问 http://kripken.Github.io/emscripten-site/docs/getting_started/downloads.html。

下一章，我们将深入介绍 C 代码与 JavaScript 代码如何进行互操作。

第 3 章 Chapter 3

C 与 JavaScript 互操作

对于刚开始使用 Emscripten 开发 WebAssembly 的开发者来说，通常遇到的第一个难题是 C 与 JavaScript 如何互操作。本章将围绕该问题展开，主要包括以下三部分：JavaScript 如何调用 C 函数、C 如何调用 JavaScript 方法、JavaScript 如何与 C 交换数据。这些技术非常重要，后续章节的内容都依赖于本章介绍的基础方法。

3.1 JavaScript 调用 C 函数

一个具备实用功能的 WebAssembly 模块必然提供了供外部调用的函数接口。在 2.3 节中，我们展示了通过 Module._main() 函数调用 C/C++ 入口 main() 函数的方法。本节将介绍普通 C 函数导出以供 JavaScript 调用的方法。

3.1.1 定义函数导出宏

为了方便函数导出，我们需要先定义一个函数导出宏。该宏需要完成以下功能。

1）使用 C 风格的符号修饰。C++ 引入了多态、重载、模板等特性，使 C++ 语言环境下的符号修饰策略（即函数、变量在最终编译成果中的名字的生成规则）非常复杂，并且不同的 C++ 编译器有着各自的符号修饰策略。如果不做额外处理，我们在 C++ 中创建函数的时候，很难预知它在最终编译成果中的名称——这与 C 语言环境完全不同。因此，当我们试图将 main() 函数之外的全局函数导出至 JavaScript 语言环境时，必须强制使用 C 风格的符号修饰，以保证函数名称在 C/C++ 语言环境以及 JavaScript 语言环境中有统一的对应规则。

2）避免函数因为缺乏引用，而导致在编译链接时被优化器删除。如果某个导出函数仅供 JavaScript 调用，而在 C/C++ 环境中从未被使用，当开启某些优化选项（比如 -O2 以上）时，该函数有可能被编译器优化删除，因此需要提前告知编译器：该函数必须保留，不能删除，不能改名。

3）为了保持足够的兼容性，宏需要根据不同的环境——原生代码环境与 Emscripten 环境、纯 C 环境与 C++ 环境等，自动切换合适的行为。

提示 main() 函数作为 C/C++ 程序的主入口，其符号修饰策略是特殊的——即使在 C++ 环境中不作特殊约束，其最终的符号仍然是 _main()，无须按上述第 1 点进行处理。

本书坚持的理念是，编写既可以在 C/C++ 原生代码中使用，又可以在 Emscripten 环境中使用的“对编译目标不敏感”的模块。上述第 3 点要求正是该理念的产物。后续章节同理，不再赘述。

为了满足上述 3 点要求，定义 EM_PORT_API 宏如下：

```
#ifndef EM_PORT_API
#    if defined(__EMSCRIPTEN__)
#        include <emscripten.h>
#        if defined(__cplusplus)
#            define EM_PORT_API(rettype) extern "C" rettype EMSCRIPTEN_KEEPALIVE
#        else
#           define EM_PORT_API(rettype) rettype EMSCRIPTEN_KEEPALIVE
#        endif
#    else
#        if defined(__cplusplus)
#            define EM_PORT_API(rettype) extern "C" rettype
#        else
#           define EM_PORT_API(rettype) rettype
#        endif
#    endif
#endif
```

在上述代码中：

1）__EMSCRIPTEN__ 宏用于探测是否是 Emscripten 环境；

2）__cplusplus 用于探测是否是 C++ 环境；

3）EMSCRIPTEN_KEEPALIVE 是 Emscripten 特有的宏，用于告知编译器后续函数在优化时必须保留，并且该函数将被导出至 JavaScript 环境。

使用 EM_PORT_API 定义函数声明：

```
EM_PORT_API(int) Func(int param);
```

在 Emscripten 中，上述函数声明最终将被展开，代码如下：

```
#include <emscripten.h>
extern "C" int EMSCRIPTEN_KEEPALIVE Func(int param);
```

3.1.2　在 JavaScript 中调用 C 导出函数

根据 2.3 节中对胶水代码的分析，我们知道 JavaScript 环境中的 Module 对象已经封装了 C 环境下的导出函数。封装方法的名字是下划线加上 C 环境的函数名。例如，创建 C 文件 export1.cc 的代码如下：

```
//export1.cc
#ifndef EM_PORT_API
#    if defined(__EMSCRIPTEN__)
#        include <emscripten.h>
#        if defined(__cplusplus)
#            define EM_PORT_API(rettype) extern "C" rettype EMSCRIPTEN_KEEPALIVE
#        else
#            define EM_PORT_API(rettype) rettype EMSCRIPTEN_KEEPALIVE
#        endif
#    else
#        if defined(__cplusplus)
#            define EM_PORT_API(rettype) extern "C" rettype
#        else
#            define EM_PORT_API(rettype) rettype
#        endif
#    endif
#endif

#include <stdio.h>

EM_PORT_API(int) show_me_the_answer() {
    return 42;
}
```

```
EM_PORT_API(float) add(float a, float b) {
    return a + b;
}
```

使用 emcc 命令将其编译为 wasm：

```
emcc export1.cc -o export1.js
```

创建页面 export1.html：

```
<!doctype html>

<html>
  <head>
    <meta charset="utf-8">
    <title>Emscripten:Export1</title>
  </head>
  <body>
    <script>
    Module = {};
    Module.onRuntimeInitialized = function() {
      console.log(Module._show_me_the_answer());
      console.log(Module._add(12, 1.0));
    }
    </script>
    <script src="export1.js"></script>
  </body>
</html>
```

使用浏览器打开 export1.html 后，我们将在控制台得到如图 3-1 所示的输出。

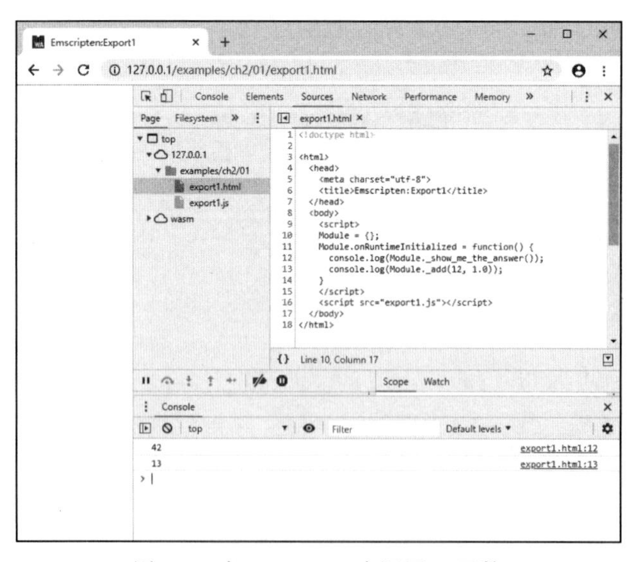

图 3-1　在 JavaScript 中调用 C 函数

需要注意的是，JavaScript 是弱类型语言，在调用函数时，并不要求调用方与被调用方的签名一致，这与 C/C++ 有本质区别。在 C 环境中，以下调用都不符合语法要求：

```
int k = show_me_the_answer(10);
float f1 = add(12, 12, 12);
float f2 = add(12);
```

在 JavaScript 环境中，如果给出的参数个数多于形参个数，多余的参数将被舍弃（从左至右）；如果参数个数少于形参个数，会自动以 undefined 填充不足的参数，因此下列 JavaScript 调用都是合法的：

```
console.log(Module._show_me_the_answer(10));
console.log(Module._add(2, 3, 4));
console.log(Module._add(12));
```

其输出结果如图 3-2 所示。

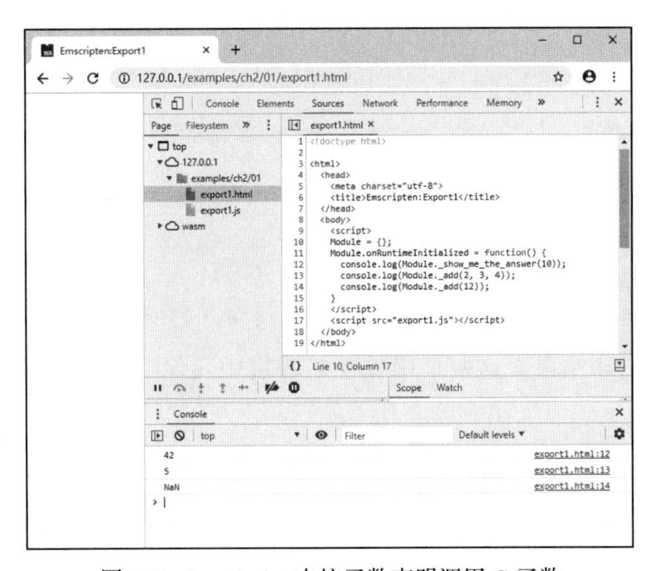

图 3-2　JavaScript 未按函数声明调用 C 函数

注意第三个调用，虽然语法没问题，但是由于缺少的参数以 undefined 填充而不是 0 值填充，因此函数返回结果为 NaN。

> **提示**　图 3-2 中使用了 2.3 节介绍的 onRuntimeInitialized 回调方法注入测试代码。为了省略无关信息、方便阅读，在不产生歧义的情况下后续章节将不再重复列出回调方法注入的完整代码以及 EM_PORT_API 宏的定义。

3.2 JavaScript 函数注入 C 环境

Emscripten 提供了多种在 C 环境调用 JavaScript 函数的方法，包括 EM_JS/EM_ASM 宏内联 JavaScript 代码、emscripten_run_script() 函数、JavaScript 函数注入（更准确的描述为：用 JavaScript 实现 C 环境中的 API）。本节将重点介绍 JavaScript 函数注入 C 环境。

3.2.1 C 函数声明

在 C 环境中，我们经常碰到这种情况：模块 A 调用了由模块 B 实现的函数——在模块 A 中创建函数声明，在模块 B 中实现函数体。在 Emscripten 中，C 代码部分是模块 A，JavaScript 代码部分是模块 B。例如，创建 capi_js.cc 代码如下：

```
//capi_js.cc
EM_PORT_API(int) js_add(int a, int b);
EM_PORT_API(void) js_console_log_int(int param);

EM_PORT_API(void) print_the_answer() {
    int i = js_add(21, 21);
    js_console_log_int(i);
}
```

其中，print_the_answer() 调用了函数 js_add() 计算（21+21），然后调用 js_console_log_int() 函数来打印结果，这两个函数在 C 环境中仅仅给出了声明，函数实现将在 JavaScript 中完成。

基于 3.1.1 节相同的理由，C 函数在声明 API 时应该使用 C 风格的符号修饰。为了使代码简洁，我们在声明 js_add() 与 js_console_log_int() 时沿用了 EM_PORT_API 宏。该宏展开后会增加 EMSCRIPTEN_KEEPALIVE 定义。由于函数并没有在 C 代码中实现，EMSCRIPTEN_KEEPALIVE 并没有实际作用。

3.2.2 JavaScript 实现 C 函数

接下来，我们在 JavaScript 中实现在 C 环境中声明的函数。

首先创建一个 JavaScript 源文件 pkg.js，代码如下：

```
//pkg.js
mergeInto(LibraryManager.library, {
```

```
    js_add: function (a, b) {
        console.log("js_add");
        return a + b;
    },

    js_console_log_int: function (param) {
        console.log("js_console_log_int:" + param);
    }
})
```

上述代码中，按照两个C函数各自的声明定义了两个对象js_add以及js_console_log_int，并将其合并到LibraryManager.library中——在JavaScript中，方法（或者说函数）也是对象。

> **提示** LibraryManager.library可以简单地理解为JavaScript注入C环境的库，即3.2.1节中所说的“模块B”。虽然事实上它远比这要复杂，但这种简单的类比足以应对大部分常规应用。

执行下列命令进行编译：

```
emcc capi_js.cc --js-library pkg.js -o capi_js.js
```

--js-library pkg.js表示将pkg.js作为附加库参与链接。命令执行后得到capi_js.js以及capi_js.wasm文件。按照之前章节的例子在网页中将其载入，并调用C函数导出的print_the_answer()函数，代码如下：

```
//capi_js.html
<body>
  <script>
  Module = {};
  Module.onRuntimeInitialized = function() {
    Module._print_the_answer();
  }
  </script>
  <script src="capi_js.js"></script>
</body>
```

浏览页面，可以看到控制台输出如图3-3所示。

至此，我们实现了在C环境中调用JavaScript方法。

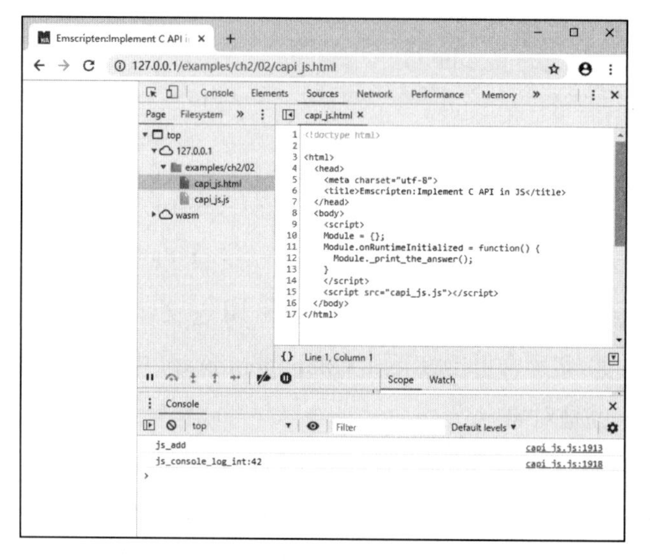

图 3-3 在 C 代码中调用 JavaScript 方法

3.2.3 闭包限制及解决办法

由于 mergeInto 注入方法不能直接使用闭包，因此我们可以通过在注入方法中调用其他 JavaScript 方法来间接实现。比如创建 closure.cc，代码如下：

```
//closure.cc
#include <stdio.h>

EM_PORT_API(int) show_me_the_answer();

EM_PORT_API(void) func() {
    printf("%d\n", show_me_the_answer());
}
```

其中，show_me_the_answer() 函数在 closure_pkg.js 中的实现如下：

```
//closure_pkg.js
mergeInto(LibraryManager.library, {
    show_me_the_answer: function () {
        return jsShowMeTheAnswer();
    }
})
```

show_me_the_answer() 调用了 jsShowMeTheAnswer()，后者在网页 closure.html 中的实现如下：

```
//closure.html
<body>
  <script>
  function f1(){
    var answer = 42;
    function f2() {
      return answer;
    }
    return f2;
  }
  var jsShowMeTheAnswer = f1();

  Module = {};
  Module.onRuntimeInitialized = function() {
    Module._func();
  }
  </script>
  <script src="closure.js"></script>
</body>
```

熟悉 JavaScript 的读者一定已经发现 jsShowMeTheAnswer() 方法使用了闭包。

这种方法不仅可以避免 mergeInto 注入方法不能直接使用闭包的限制，还可以动态调整注入函数。比如，上例中我们可以在 JavaScript 环境中动态调整 jsShowMeTheAnswer 对象，从而改变 C 环境中的 show_me_the_answer() 函数的返回值。

3.2.4　JavaScript 函数注入 C 环境的优缺点

- 优点：使用 JavaScript 函数注入可以保持 C 代码的纯净，即 C 代码中不包含任何 JavaScript 的成分。对于跨语言环境使用的库，这点尤为重要。
- 缺点：该方法需要额外创建一个 .js 库文件，维护略麻烦。尤其要特别注意保持函数声明和实现时定义的统一，避免参数及返回值类型不一导致的隐性错误。

3.3　单向透明的内存模型

本节简要介绍经 Emscripten 编译后的 C/C++ 程序所使用的内存模型，以及该模型所涉及的 Module.buffer 等主要的 JavaScript 对象。

3.3.1 Module.buffer

无论编译目标是 asm.js 还是 wasm，C/C++ 代码中的内存空间实际上对应的都是 Emscripten 提供的 ArrayBuffer 对象：Module.buffer。C/C++ 内存地址与 Module.buffer 数组下标一一对应。

提示 ArrayBuffer 是 JavaScript 中用于保存二进制数据的一维数组。在本书的语境中，Module.buffer、C/C++ 内存、Emscripten 堆三者是等价的。

由于 C/C++ 代码中能直接通过地址访问的数据全部在内存中（包括运行时堆、运行时栈），而 C/C++ 代码中的内存空间对应的是 Module.buffer 对象，因此其直接访问的数据事实上被限制在 Module.buffer 内部，JavaScript 环境中的其他对象无法被 C/C++ 直接访问，因此我们称其为单向透明的内存模型。

在当前版本的 Emscripten（v1.38.11）中，指针（即地址）类型为 int32，因此单一模块的最大可用内存为 2GB-1。未定义的情况下，内存默认容量为 16MB，其中栈容量为 5MB。

3.3.2 Module.HEAPX

JavaScript 中的 ArrayBuffer 无法直接访问，必须通过某种类型的 TypedArray 对其进行读写。下面首先通过 JavaScript 创建一个容量为 12 字节的 ArrayBuffer，并在其上创建类型为 int32 的 TypedArray，然后通过该 TypedArray 依次向其中存入 1111111、2222222、3333333 三个 int32 型数值。

```
var buf = new ArrayBuffer(12);
var i32 = new Int32Array(buf);
i32[0] = 1111111;
i32[1] = 2222222;
i32[2] = 3333333;
```

ArrayBuffer 与 TypedArray 的关系可以简单地理解为：ArrayBuffer 是实际存储数据的容器，在其上创建的 TypedArray 则把该容器当作某种类型的数组来使用。

Emscripten 已经为 Module.buffer 创建了常用类型的 TypedArray，如表 3-1 所示。

表 3-1　Module.HEAPX 对象与数据类型的对应关系

对象	TypedArray	对应的 C 数据类型
Module.HEAP8	Int8Array	int8
Module.HEAP16	Int16Array	int16
Module.HEAP32	Int32Array	int32
Module.HEAPU8	Uint8Array	uint8
Module.HEAPU16	Uint16Array	uint16
Module.HEAPU32	Uint32Array	uint32
Module.HEAPF32	Float32Array	float
Module.HEAPF64	Float64Array	double

3.3.3　在 JavaScript 中访问 C/C++ 环境内存

我们通过一个简单的例子展示如何在 JavaScript 中访问 C/C++ 环境内存。首先创建 C/C++ 源代码 mem.cc，代码如下：

```
//mem.cc
#include <stdio.h>

int g_int = 42;
double g_double = 3.1415926;

EM_PORT_API(int*) get_int_ptr() {
    return &g_int;
}

EM_PORT_API(double*) get_double_ptr() {
    return &g_double;
}

EM_PORT_API(void) print_data() {
    printf("C{g_int:%d}\n", g_int);
    printf("C{g_double:%lf}\n", g_double);
}
```

将其编译为 mem.js 及 mem.wasm。

JavaScript 部分代码如下：

```
var int_ptr = Module._get_int_ptr();
var int_value = Module.HEAP32[int_ptr >> 2];
console.log("JS{int_value:" + int_value + "}");

var double_ptr = Module._get_double_ptr();
var double_value = Module.HEAPF64[double_ptr >> 3];
console.log("JS{double_value:" + double_value + "}");

Module.HEAP32[int_ptr >> 2] = 13;
Module.HEAPF64[double_ptr >> 3] = 123456.789
Module._print_data();
```

上述代码中，首先在 JavaScript 中调用 C 函数 get_int_ptr()，获取全局变量 g_int 的地址，然后通过 Module.HEAP32[int_ptr >> 2] 获取该地址对应的 int32 值。由于 Module.HEAP32 每个元素占用 4 字节，因此 int_ptr 需除以 4（即右移 2 位）才是正确的索引。获取 g_double 的方法类似，这里不再赘述。接下来，修改 int_ptr 及 double_ptr 地址对应内存的值，然后调用 C 函数 print_data() 打印。浏览器访问后，控制台输出如图 3-4 所示。

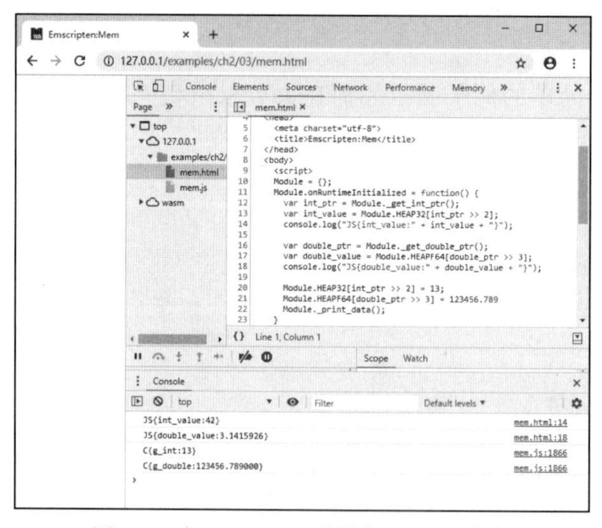

图 3-4　在 JavaScript 中访问 C/C++ 内存

由此可见，在 JavaScript 中正确读取了 C/C++ 的内存数据 JavaScript 中写入的数据在 C/C++ 中亦能正确获取。

提示 通过上述例子可知，在JavaScript中通过各种类型的HEAP访问C/C++内存数据时，地址必须对齐，即int32/uint32/float类型变量地址必须4字节对齐、double类型变量地址必须8字节对齐，其他类型类似。关于地址对齐的问题，我们将在5.2节详细讨论。

后续章节在不引起歧义的前提下，将使用“内存”指代“Emscripten为C/C++提供的运行时内存”，以简化描述。

3.4 JavaScript与C/C++交换数据

3.3节介绍了内存模型和Module.HEAPX的基本用法。本节将深入讨论JavaScript与C/C++如何交换数据。

3.4.1 参数及返回值

在之前章节的例程中，我们有意忽略了一个基础性的问题：JavaScript与C/C++相互调用的时候，参数与返回值究竟是如何传递的？

答案是：JavaScript与C/C++之间只能通过number进行参数和返回值传递。

提示 JavaScript只有一种数值类型：number，即64位浮点数（IEEE 754标准）。number可以精确地表达32位及以下整型数、32位浮点数、64位浮点数（涵盖了大多数C语言的基础数据类型），这意味着JavaScript与C/C++交互时，不能使用64位整型数作为参数或返回值。5.6节将对此进行详细讨论。

从语言角度来说，JavaScript与C/C++有完全不同的数据体系，number类型是二者唯一的交集，因此本质上二者相互调用时，都是在交换number数值类型。

number数值类型从JavaScript传入C/C++有两种途径。

1）JavaScript调用带参数的C导出函数，通过参数传入number。

2）C调用由JavaScript实现的函数（见3.2节），通过注入函数的返回值传入number。

由于 C/C++ 是强类型语言，因此对于来自 JavaScript 的 number 传入，会发生隐式类型转换。下面的例子展示了这种隐式类型转换，C 代码如下：

```
//type_conv.cc
#include <stdio.h>

EM_PORT_API(void) print_int(int a) {
    printf("C{print_int() a:%d}\n", a);
}

EM_PORT_API(void) print_float(float a) {
    printf("C{print_float() a:%f}\n", a);
}

EM_PORT_API(void) print_double(double a) {
    printf("C{print_double() a:%lf}\n", a);
}
```

JavaScript 代码如下：

```
//type_conv.html
  Module._print_int(3.4);
  Module._print_int(4.6);
  Module._print_int(-3.4);
  Module._print_int(-4.6);
  Module._print_float(2000000.03125);
  Module._print_double(2000000.03125);
```

浏览页面，我们发现控制台输出如图 3-5 所示。

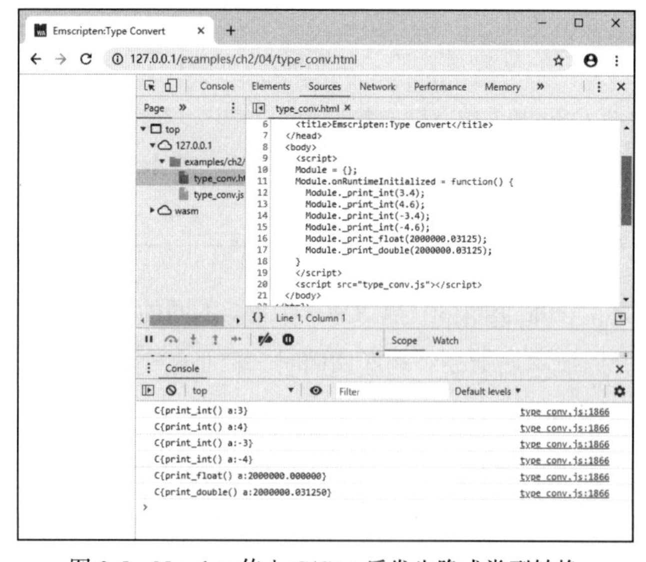

图 3-5 Number 传入 C/C++ 后发生隐式类型转换

可见 number 传入时，若目标数据类型为 int，将执行向 0 取整；若目标数据类型为 float，类型转换时有可能损失精度。

3.4.2　通过内存交换数据

当需要在 JavaScript 与 C/C++ 之间交换大块的数据时，直接使用参数传递数据显然不可行，此时可以通过内存来交换数据。下面的例子展示了在 JavaScript 环境调用 C 函数在内存中生成斐波那契数列后的输出，C 代码如下：

```
//fibonacci.cc
#include <stdio.h>
#include <malloc.h>

EM_PORT_API(int*) fibonacci(int count) {
    if (count <= 0) return NULL;

    int* re = (int*)malloc(count * 4);
    if (NULL == re) {
        printf("Not enough memory.\n");
        return NULL;
    }

    re[0] = 1;
    int i0 = 0, i1 = 1;
    for (int i = 1; i < count; i++){
        re[i] = i0 + i1;
        i0 = i1;
        i1 = re[i];
    }

    return re;
}

EM_PORT_API(void) free_buf(void* buf) {
    free(buf);
}
```

JavaScript 代码如下：

```
//fibonacci.html
  var ptr = Module._fibonacci(10);
  if (ptr == 0) return;
  var str = '';
  for (var i = 0; i < 10; i++){
    str += Module.HEAP32[(ptr >> 2) + i];
    str += ' ';
```

```
    }
    console.log(str);
    Module._free_buf(ptr);
```

浏览页面，我们可以看到控制台输出如图 3-6 所示。

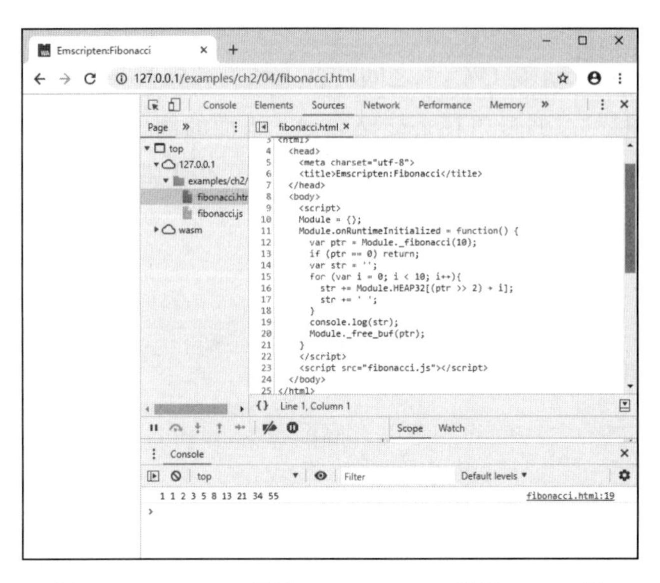

图 3-6 JavaScript 通过 Module.HEAP 访问 C/C++ 堆

提示 在上述例子中，C 函数 fibonacci() 在堆上分配了空间，在 JavaScript 中调用后需要调用 free_buf() 将其释放，以免内存泄漏。

注意 Module.HEAP32 等对象的名称虽然为“堆”（HEAP），但事实上它们指的是 C/C++ 环境的整个内存空间，因此位于 C/C++ 栈上的数据也可以通过 Module.HEAP32 等对象来访问。

下面的例子展示了在 JavaScript 中访问 C/C++ 栈上的数据，C 代码如下：

```
//fib_stack.cc
EM_PORT_API (void) js_print_fib(int* ptr, int count);

EM_PORT_API(void) fibonacci20() {
```

```
    static const int count = 20;
    int re[count];

    re[0] = 1;
    int i0 = 0, i1 = 1;
    for (int i = 1; i < count; i++){
        re[i] = i0 + i1;
        i0 = i1;
        i1 = re[i];
    }

    js_print_fib(re, count);
}
```

C函数fibonacci10()在栈上生成了斐波那契数列的前20项，然后调用JavaScript注入函数js_print_fib()将其打印输出。JavaScript注入函数js_print_fib()的实现代码如下：

```
//fib_stack_pkg.js
mergeInto(LibraryManager.library, {
    js_print_fib: function (ptr, count) {
        var str = 'js_print_fib: ';
        for (var i = 0; i < count; i++){
            str += Module.HEAP32[(ptr >> 2) + i];
            str += ' ';
        }
        console.log(str);
    }
})
```

使用以下命令编译得到fib_stack.js/fib_stack.wasm：

```
emcc fib_stack.cc --js-library fib_stack_pkg.js -o fib_stack.js
```

在网页中调用fibonacci20()函数：

```
//fib_stack.html
<script>
Module = {};
Module.onRuntimeInitialized = function() {
  Module._fibonacci20();
}
</script>
<script src="fib_stack.js"></script>
```

浏览页面，我们可以看到控制台输出如图3-7所示。

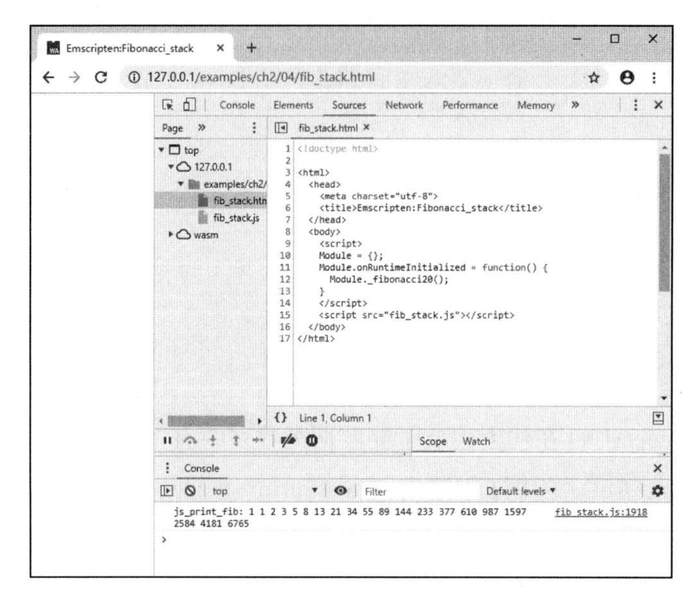

图 3-7 JavaScript 通过 Module.HEAP 访问 C/C++ 栈

3.4.3 在 JavaScript 中分配内存

3.4.2 节给出的例子都是在 C/C++ 环境中分配内存，在 JavaScript 中读取。有时候，JavaScript 需要将大数据块送入 C/C++ 环境，而 C/C++ 无法预知数据块的大小，此时可以在 JavaScript 中分配内存并装入数据，然后将数据指针传入，调用 C 函数进行处理。

这种方法之所以可行，核心原因在于：Emscripten 导出了 C 的 malloc()/free() 函数。下面的例子展示了如何在 JavaScript 中分配内存并传入数据供 C/C++ 环境使用。

C 函数 sum() 求传入的 int 数组的各项之和，代码如下：

```
//sum.cc
EM_PORT_API(int) sum(int* ptr, int count) {
    int total = 0;
    for (int i = 0; i < count; i++){
        total += ptr[i];
    }
    return total;
}
```

JavaScript 分配了内存，并存入自然数列的前 50 项，然后调用 C 函数 sum() 求数列的和，代码如下：

```
//js_alloc_mem.html
  var count = 50;
  var ptr = Module._malloc(4 * count);
  for (var i = 0; i < count; i++){
    Module.HEAP32[ptr / 4 + i] = i + 1;
  }
  console.log(Module._sum(ptr, count));
  Module._free(ptr);
```

浏览网页后，控制台将输出：

```
1275
```

C/C++ 的内存没有 GC 机制，在 JavaScript 中使用 malloc() 函数分配内存结束后，别忘了使用 free() 函数将其释放。

3.4.4 字符串

字符串是极为常用的数据类型，然而 C/C++ 中的字符串表达方式（0 值标志结尾）与 JavaScript 完全不兼容。幸运的是，Emscripten 提供了一组辅助函数用于二者的转换。下面介绍较为常用的两个辅助函数。

1. UTF8ToString()

该函数可以将 C/C++ 的字符串转换为 JavaScript 字符串。例如，C 函数 get_string() 返回一个字符串的地址：

```
//strings.cc
EM_PORT_API(const char*) get_string() {
    static const char str[] = "Hello, wolrd! 你好，世界！ "
    return str;
}
```

在 JavaScript 中获取该字符串地址，并通过 UTF8ToString() 将其转换为 JavaScript 字符串：

```
//strings.html
  var ptr = Module._get_string();
  var str = Pointer_stringify(ptr);
```

```
  console.log(typeof(str));
  console.log(str);
```

浏览网页后，控制台将输出：

```
string
Hello, wolrd! 你好，世界!
```

2. allocateUTF8()

该函数将在 C/C++ 内存中分配足够大的空间，并将字符串按 UTF8 格式复制到分配的内存中。例如，在 JavaScript 中使用 allocateUTF8() 将字符串传入 C/C++ 内存，然后调用 C 函数 print_string() 打印。JavaScript 代码部分如下：

```
//strings.html
  ptr = allocateUTF8("你好，Emscripten！");
  Module._print_string(ptr);
  _free(ptr);
```

C 代码部分如下：

```
//strings.cc
EM_PORT_API(void) print_string(char* str) {
    printf("%s\n", str);
}
```

浏览网页后，控制台将输出：

```
你好，Emscripten！
```

此外，Emscripten 还提供了 AsciiToString()/stringToAscii()/UTF8ArrayToString()/stringToUTF8Array() 等一系列辅助函数来处理各种格式的字符串在不同存储对象中的转换。

3.5 EM_ASM 系列宏

很多编译器支持在 C/C++ 代码中直接嵌入汇编代码，Emscripten 采用类似的方式提供了一组以 EM_ASM 为前缀的宏，用于以内联的方式在 C/C++ 代码中直接嵌入 JavaScript 代码。本节将对其中的常用宏进行介绍。

3.5.1 EM_ASM

EM_ASM 宏使用很简单，只需要将欲执行的 JavaScript 代码置于参数中，例如：

```
#include <emscripten.h>

int main() {
    EM_ASM(console.log(' 你好，Emscripten！ '));
    return 0;
}
```

上述代码将调用JavaScript方法console.log()输出“你好，Emscripten！”。

EM_ASM宏可以一次嵌入多条JavaScript语句，语句之间用分号分隔，例如：

```
EM_ASM(var k = 42;console.log('The answer is:', k););
```

上述代码将输出：

```
The answer is:42
```

嵌入的多条语句分行书写以及行尾注释都是可行的（分行书写时语句之间必须以分号分隔，不能省略），例如：

```
EM_ASM(
    var k = 42;  //define k
    console.log('The answer is:', k);
);
```

EM_ASM宏只能执行嵌入的JavaScript代码，无法传入参数或获取返回结果。

3.5.2 EM_ASM_/EM_ASM_DOUBLE

EM_ASM_支持输入数值类型的可变参数，同时返回整数类型的结果。EM_ASM_宏嵌入的JavaScript代码必须放到{}包围的代码块中（以区隔代码与参数），且至少必须含有一个输入参数。嵌入的JavaScript代码通过$n访问第n+1个参数。下面的例子为调用JavaScript计算三个数值的和，并将结果返回，代码如下：

```
int sum = EM_ASM_({return $0 + $1 + $2;}, 1, 2, 3);
printf("sum(1, 2, 3): %d\n", sum);
```

使用EM_ASM_宏嵌入JavaScript时，参数不仅可以是常数，也可以是变量，例如：

```
char buf[32];
double pi = 3.14159;
EM_ASM_(
    {
        console.log('addr of buf:', $0);
```

```
        console.log('sqrt(pi):', $1);
    },
    buf, sqrt(pi)
);
```

上述代码将依次输出buf的地址以及pi的平方根。

EM_ASM_DOUBLE用法与EM_ASM_基本一致，区别是EM_ASM_DOUBLE返回值为double。例如：

```
double pi2 = EM_ASM_DOUBLE(
    {
       return $0 * $1;
    },
       pi, 2.0
);
printf("pi2: %lf\n", pi2);
```

EM_ASM_/EM_ASM_DOUBLE宏中嵌入的JavaScript代码会被展开为一个独立的JavaScript方法，因此在嵌入的JavaScript中除了用$n之外，也可以用内置的arguments对象来访问参数，例如：

```
EM_ASM_(
   {
      console.log('arguments count:', arguments.length);
      for(var i = 0; i < arguments.length; i++) {
          console.log('$', i, ':', arguments[i]);
       }
   },
   42, 13
);
```

上述代码将输出：

```
arguments count: 2
$ 0 : 42
$ 1 : 13
```

3.5.3 EM_ASM_INT_V/EM_ASM_DOUBLE_V

如果嵌入的JavaScript代码不需要参数，可以使用EM_ASM_INT_V/EM_ASM_DOUBLE_V宏。由于没有参数，嵌入的代码无须用{}包围，例如：

```
int answer = EM_ASM_INT_V(return 42);
printf("The answer is:%d\n", answer);
double pi_js = EM_ASM_DOUBLE_V(return 3.14159);
printf("PI:%lf\n", pi_js);
```

上述代码输出结果如图3-8所示。

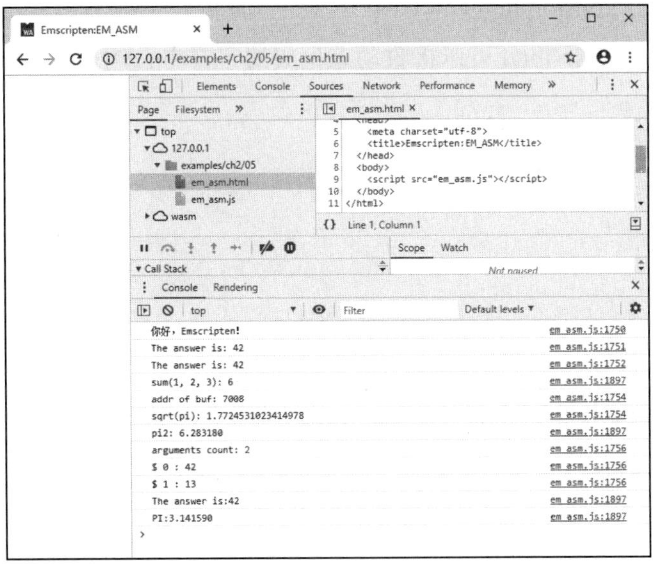

图3-8 EM_ASM系列宏示例运行结果

3.6 emscripten_run_script()系列函数

3.5节介绍的EM_ASM系列宏只能接收硬编码常量字符串。本节将要介绍的emscripten_run_script()系列函数可以接收动态输入的字符串，该系列辅助函数类比于JavaScript中的eval()方法。

3.6.1 emscripten_run_script()

函数声明：void emscripten_run_script(const char *script)

参数：script（包含JavaScript脚本语句的字符串）。

返回值：无

该函数使用很简单，例如：

```
int main(){
    emscripten_run_script("console.log(42);");
    return 0;
}
```

上述代码中，emscripten_run_script("console.log(42);") 执行效果等价于在 JavaScript 中执行 console.log(42)。

emscripten_run_script() 可以接收动态生成的字符串，例如：

```
const char* get_js_code(){
    static char buf[1024];
    sprintf(buf, "console.log('你好，Emscripten！');");
    return buf;
}

int main(){
    emscripten_run_script(get_js_code());
    return 0;
}
```

由于传入的脚本最终会通过 JavaScript 中的 eval() 方法执行，因此传入的脚本可以是任意的 JavaScript 代码，比如：

```
emscripten_run_script(R"(
    function my_print(s) {
        console.log("JS:my_print():", s);
    }
    my_print("Hello!");
)");
```

上述代码先定义了一个方法 my_print()，然后调用它输出了“Hello!”。

提示 为了避免使用转义符，上述例子定义字符串时，使用了 C++11 标准的 raw 字符串定义方法（R 前缀）。在使用 emcc 命令编译时，必须增加 -std=c++11 参数，完整的命令行为：

```
emcc emscripten_run_script.cc -std=c++11  -o emscripten_run_script.js
```

3.6.2 emscripten_run_script_int()

函数声明：int emscripten_run_script_int(const char *script)

参数：script（包含 JavaScript 脚本语句的字符串）。

返回值：int

该函数与 emscripten_run_script() 类似，区别是它会将输入的脚本的执行结果作为整型数返回，例如：

```
    int num = emscripten_run_script_int(R"(
    function show_me_the_number() {
        return 13;
    }
    show_me_the_number();
)");
printf("num:%d\n", num);
```

上述程序将输出：

```
num:13
```

3.6.3 emscripten_run_script_string()

函数声明：char *emscripten_run_script_string(const char *script)

参数：script（包含 JavaScript 脚本语句的字符串）。

返回值：- char *

该函数与 emscripten_run_script_int() 类似，区别是返回值为字符串，例如：

```
const char* str = emscripten_run_script_string(R"(
    function show_me_the_answer() {
        return "The answer is 42.";
    }
    show_me_the_answer();
)");
printf("%s\n", str);
```

上述程序将输出：

```
The answer is 42.
```

我们在胶水代码中可以看到辅助函数 emscripten_run_script_string() 的实现代码：

```
function _emscripten_run_script_string(ptr) {
var s = eval(Pointer_stringify(ptr)) + '';
var me = _emscripten_run_script_string;
var len = lengthBytesUTF8(s);
if (!me.bufferSize || me.bufferSize < len+1) {
  if (me.bufferSize) _free(me.buffer);
  me.bufferSize = len+1;
  me.buffer = _malloc(me.bufferSize);
  }
  stringToUTF8(s, me.buffer, me.bufferSize);
  return me.buffer;
}
```

该函数在 C/C++ 内存中分配了空间，用于保存传入脚本执行后返回的字符串。我们从代码中不难发现，多次调用 emscripten_run_script_string() 时，后面调用的结果有可能覆盖前面调用的结果，因为 me.buffer 是重复使用的。

该例子的输出如图 3-9 所示。

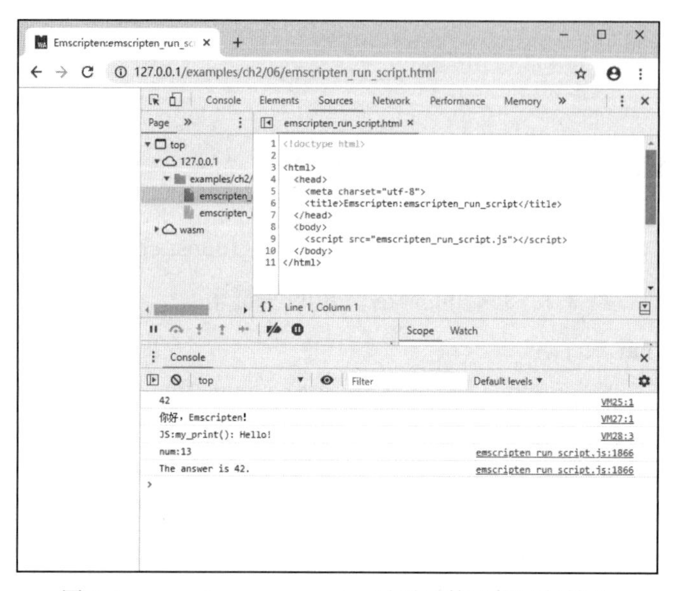

图 3-9 emscripten_run_script 系列函数示例运行结果

3.7 ccall()/cwrap()

3.4 节提到，JavaScript 调用 C/C++ 时只能使用 number 类型作为参数，因此如果参数是字符串、数组等非 number 类型，则需要拆分为以下步骤。

1）使用 Module._malloc() 函数在 Module 堆中分配内存，获取地址 ptr。

2）将字符串 / 数组等数据复制到内存的 ptr 处。

3）将 ptr 作为参数，调用 C/C++ 函数进行处理。

4）使用 Module._free() 释放 ptr。

由此可见，调用过程相当烦琐，尤其当非 number 类型参数个数较多时，JavaScript 侧的调用代码会急剧膨胀。为了简化调用过程，Emscripten 提供了 ccall()/cwrap() 封装函数。本节将介绍这两个封装函数。

3.7.1　ccall()

ccall()用于在JavaScript中调用导出的C函数，该方法会自动完成类型为字符串、数组的参数及返回值的转换及传递。

函数声明：var result = Module.ccall(ident, returnType, argTypes, args)

参数：

- ident，C导出函数的函数名（不含“_”下划线前缀）。
- returnType，C导出函数的返回值类型，可以为boolean、number、string、null，分别表示函数返回值为布尔值、数值、字符串、无返回值。
- argTypes，C导出函数的参数类型的数组。参数类型可以为number、string、array，分别表示数值、字符串、数组。
- args，参数数组。

例如，C导出函数如下：

```
//ccall_wrap.cc
EM_PORT_API(double) add(double a, int b) {
    return a + (double)b;
}
```

使用下列命令编译：

```
emcc ccall_wrap.cc -s "EXTRA_EXPORTED_RUNTIME_METHODS=['ccall', 'cwrap']"
  -o ccall_wrap.js
```

> 提示　Emscripten从v1.38开始，ccall()/cwrap()辅助函数默认没有导出，在编译时需要通过-s "EXTRA_EXPORTED_RUNTIME_METHODS=['ccall', 'cwrap']"选项显式导出。

在JavaScript中，我们可以使用以下方法调用：

```
//ccall_wrap.html
var result = Module.ccall('add', 'number', ['number', 'number'], [13.0, 42]);
```

也可以直接调用Module._add()：

```
var result = Module._add(13, 42);
```

ccall的优势在于可以直接使用字符串/Uint8Array/Int8Array作为参数。

例如，C 导出函数如下：

```
//ccall_wrap.cc
EM_PORT_API(void) print_string(const char* str) {
    printf("C:print_string(): %s\n", str);
}
```

其中，print_string() 的输入参数为字符串。在 JavaScript 中使用以下方法调用：

```
//ccall_wrap.html
var str = 'The answer is:42';
Module.ccall('print_string', 'null', ['string'], [str]);
```

使用 Uint8Array 作为参数的例子如下：

```
//ccall_wrap.cc
EM_PORT_API(int) sum(uint8_t* ptr, int count) {
    int total = 0, temp;
    for (int i = 0; i < count; i++){
        memcpy(&temp, ptr + i * 4, 4);
        total += temp;
    }
    return total;
}
//ccall_wrap.html
    var count = 50;
    var buf = new ArrayBuffer(count * 4);
    var i8 = new Uint8Array(buf);
    var i32 = new Int32Array(buf);
    for (var i = 0; i < count; i++){
        i32[i] = i + 1;
    }
    result = Module.ccall('sum', 'number', ['array', 'number'], [i8, count]);
```

提示 上述例子的 C 代码中，我们使用 memcpy(&temp, ptr + i * 4, 4) 获取自然数列的第 *i* 个元素的值。使用该方法的原因是：输入地址 ptr 有可能未对齐。更多对齐信息详见 4.2 节。

如果 C 导出函数返回了无须释放的字符串（静态字符串，或存放在由 C 代码自行管理的地址中的字符串），在 JavaScript 中可使用 ccall() 调用，直接获取返回的字符串，例如：

```
//ccall_wrap.cc
EM_PORT_API(const char*) get_string() {
    const static char str[] = "This is a test.";
```

```
    return str;
}
//ccall_wrap.html
    console.log(Module.ccall('get_string', 'string'));
```

3.7.2 cwrap()

ccall()虽然封装了字符串等数据类型，但调用时仍然需要填入参数数组、参数列表等，为此对cwrap()进行了进一步封装。

函数申明：var func = Module.cwrap(ident, returnType, argTypes)

参数：

- ident，C导出函数的函数名（不含下划线前缀）。
- returnType，C导出函数的返回值类型，可以为boolean、number、string、null，分别表示函数返回值为布尔值、数值、字符串、无返回值。
- argTypes，C导出函数的参数类型的数组。参数类型可以为number、string、array，分别表示数值、字符串、数组。

返回值：封装方法。

例如，3.7.1节中的C导出函数可以按下列方式进行封装，代码如下：

```
//ccall_wrap.html
var c_add = Module.cwrap('add', 'number', ['number', 'number']);
var c_print_string = Module.cwrap('print_string', 'null', ['string']);
var c_sum = Module.cwrap('sum', 'number', ['array', 'number']);
var c_get_string = Module.cwrap('get_string', 'string');
```

C导出函数add()/print_string()/sum()/get_string()分别被封装为c_add()/c_print_string()/c_sum()/c_get_string()，这些封装方法与普通的JavaScript方法一样可以被直接使用：

```
//ccall_wrap.html
console.log(c_add(25.0, 41));
c_print_string(str);
console.log(c_get_string());
console.log(c_sum(i8, count));
```

3.7.3 ccall()/cwrap()的潜在风险

下面列出的是Emscripten为ccall()/cwrap()函数生成的相关胶水代码，有兴趣的读者可以尝试分析。相关函数说明如下。

1）getCFunc()：根据 ident 获取 C 导出函数。

2）stackSave()：保存栈指针。

3）arrayToC()/stringToC()：将 array/string 参数复制到栈空间中。

4）func.apply()：调用 C 导出函数。

5）convertReturnValue()：根据 returnType 将返回值转为对应类型。

6）stackRestore()：恢复栈指针。

```
// Returns the C function with a specified identifier (for C++, you need to
  do manual name mangling)
function getCFunc(ident) {
  var func = Module['_' + ident]; // closure exported function
  assert(func, 'Cannot call unknown function ' + ident + ', make sure it is
exported');
  return func;
}

var JSfuncs = {
  // Helpers for cwrap -- it can't refer to Runtime directly because it might
  // be renamed by closure, instead it calls JSfuncs['stackSave'].body to find
  // out what the minified function name is.
  'stackSave': function() {
    stackSave()
  },
  'stackRestore': function() {
    stackRestore()
  },
  // type conversion from js to c
  'arrayToC' : function(arr) {
    var ret = stackAlloc(arr.length);
    writeArrayToMemory(arr, ret);
    return ret;
  },
  'stringToC' : function(str) {
    var ret = 0;
    if (str !== null && str !== undefined && str !== 0) { // null string
      // at most 4 bytes per UTF-8 code point, +1 for the trailing '\0'
      var len = (str.length << 2) + 1;
      ret = stackAlloc(len);
      stringToUTF8(str, ret, len);
    }
    return ret;
  }
};
```

```
// For fast lookup of conversion functions
var toC = {
  'string': JSfuncs['stringToC'], 'array': JSfuncs['arrayToC']
};

// C calling interface.
function ccall(ident, returnType, argTypes, args, opts) {
  function convertReturnValue(ret) {
    if (returnType === 'string') return Pointer_stringify(ret);
    if (returnType === 'boolean') return Boolean(ret);
    return ret;
  }

  var func = getCFunc(ident);
  var cArgs = [];
  var stack = 0;
  assert(returnType !== 'array', 'Return type should not be "array".');
  if (args) {
    for (var i = 0; i < args.length; i++) {
      var converter = toC[argTypes[i]];
      if (converter) {
        if (stack === 0) stack = stackSave();
        cArgs[i] = converter(args[i]);
      } else {
        cArgs[i] = args[i];
      }
    }
  }
  var ret = func.apply(null, cArgs);
  ret = convertReturnValue(ret);
  if (stack !== 0) stackRestore(stack);
  return ret;
}

function cwrap(ident, returnType, argTypes, opts) {
  return function() {
    return ccall(ident, returnType, argTypes, arguments, opts);
  }
}
```

通过 ccall()/cwrap() 胶水代码可知，虽然 ccall()/cwrap() 可以简化字符串参数的交换，但这种便利性是有代价的，即当输入参数类型为 string/array 时，ccall()/cwrap() 在 C 环境的栈上需要分配相应的空间，并将数据复制到分配的空间中，然后调用相应的导出函数。相对于堆来说，栈空间是很稀缺的资源，因此使用 ccall()/cwrap() 时需要格外注意传入的字符串 / 数组的大小，避免栈溢出。

上述例子的输出如图 3-10 所示。

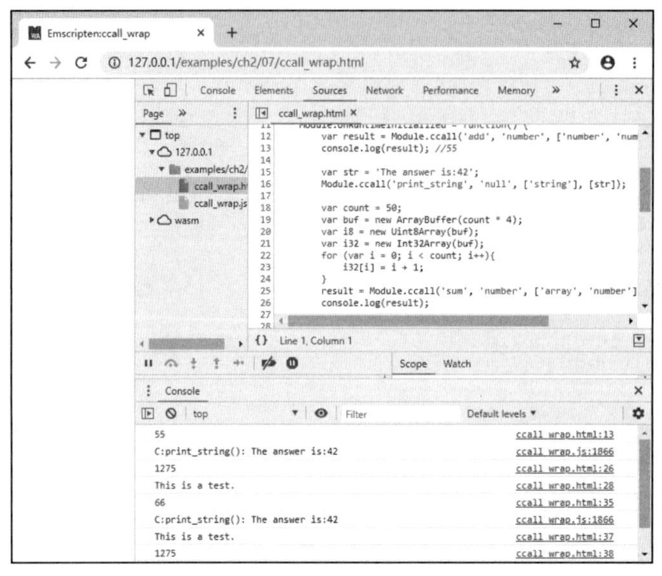

图 3-10 ccall()/cwrap() 示例运行结果

3.8 本章小结

本章介绍了 JavaScript 与 C/C++ 相互调用和数据交互的的常用方法。从胶水代码中我们可以发现，JavaScript 与 C/C++ 相互调用时的执行代价很高。虽然 WebAssembly 拥有接近于本地代码的执行性能，但倘若函数接口设计不合理、跨语言调用频率过高，整体运行效率会受到极大的影响。

在学习 Emscripten 时，查阅生成的胶水代码是理解其内部处理机制最直接的途径。

第二篇 Part 2

方法篇

Chapter 4 第 4 章

Emscripten 运行时

在实际的工程项目中，除了函数调用、数据传递等语言层面的基础操作之外，还需要与运行时系统进行交互。与 Windows/Linux 等本地环境相比，Emscripten 的运行时环境在模块生命周期、文件访问等方面存在很大的差别。本章将介绍最常用的与 Emscripten 运行时相关的特性，包括消息循环、文件系统、内存管理等内容。

4.1 main() 函数与生命周期

生成本地代码时，作为 C/C++ 程序的入口函数，通常 main() 函数意味着程序的整个生命周期，即程序随 main() 函数的返回而退出。而在 Emscripten 下，情况有所不同，本节将对此进行介绍。

先来看下面的例子，C 部分导出 show_me_the_anwser() 函数，并在 main() 函数中打印字符串，具体代码如下：

```
//main.cc
#include <stdio.h>

EM_PORT_API(int) show_me_the_answer() {
   return 42;
}
```

```
int main() {
  printf("你好，世界！\n");
  return 0;
}
```

网页部分在 JavaScript 中载入并运行模块，并在 main() 函数退出后尝试执行导出的 show_me_the_answer() 函数，代码如下：

```
//main.html
  <body>
    <button id = btn_test onclick=Test() disabled = true>test</button>
    <script>
    function Test(){
      console.log(Module._show_me_the_answer());
    }
    Module = {};
    Module.onRuntimeInitialized = function() {
      var btn = document.getElementById("btn_test");
      btn.disabled = false;
    }
    </script>
    <script src="main.js"></script>
  </body>
```

页面打开后，执行 main() 函数，控制台输出“你好，世界！”，如图 4-1 所示。

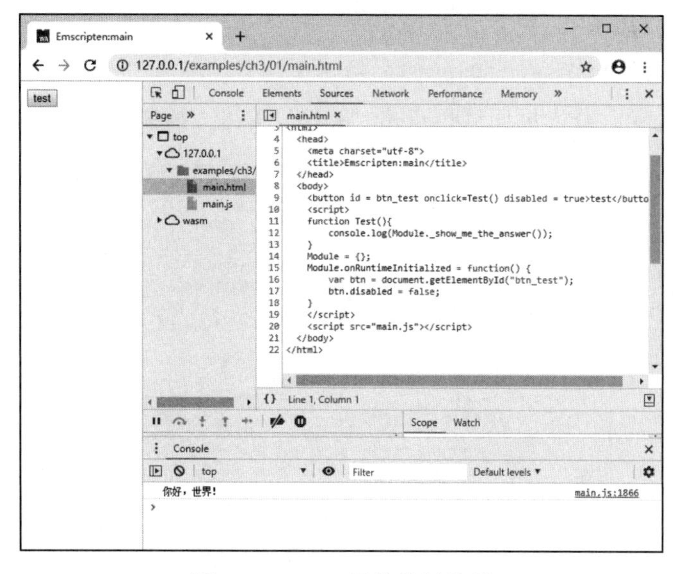

图 4-1　main() 函数执行结果

此时，如果点击页面上的“test”按钮，控制台输出如图 4-2 所示。

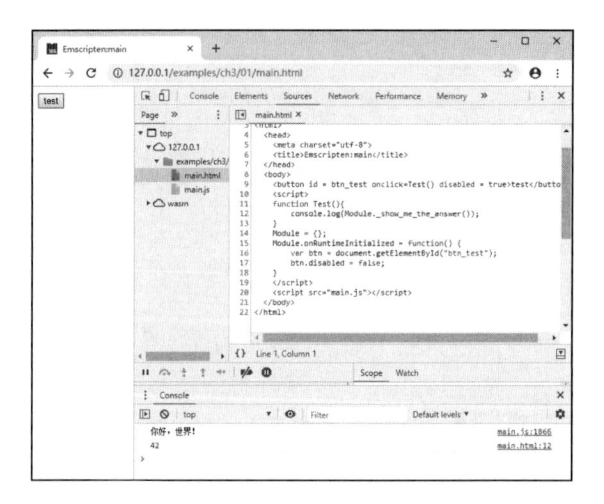

图 4-2 main() 函数退出后继续调用 C 函数执行效果

main() 函数退出后，Emscripten 运行时核心模块依然可用！而且在之前的章节，很多例子里面甚至都没有 main() 函数。由此可见，对于 Emscripten 来说，main() 函数既不是必需的，也不控制运行时生命周期。

如果希望在 main() 函数返回后注销 Emscripten 运行时，可以在编译时添加 `-s NO_EXIT_RUNTIME=0` 选项，例如：

```
emcc main.cc -s NO_EXIT_RUNTIME=0 -o main.js
```

执行编译命令，载入页面后再点击“test”按钮，控制台输出如图 4-3 所示。

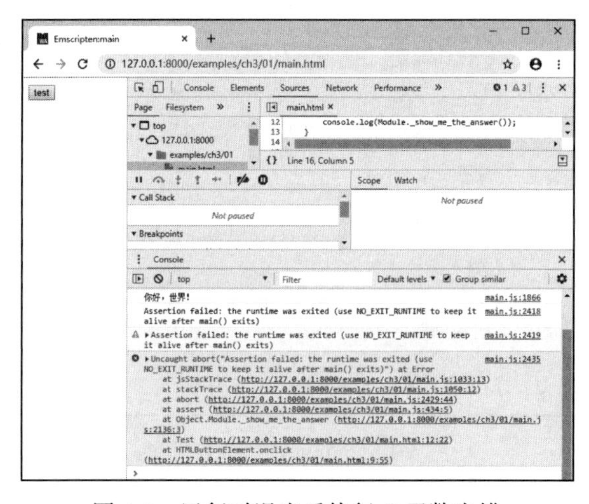

图 4-3 运行时退出后执行 C 函数出错

提示　自 Emscripten v1.37.26 开始，NO_EXIT_RUNTIME 默认为 1。

4.2　消息循环

除了一次性执行立即退出的程序外，大多数 C/C++ 程序存在类似下列伪代码的消息循环。

```
int main() {
  while(1) {
    msg_loop();
    }
  return 0;
}
```

但网页中的 JavaScript 脚本是单线程运行的。如果一个带有消息循环的 C/C++ 程序不加处理，直接使用 Emscripten 编译后导入网页中运行，则消息循环不退出，并阻塞页面程序的运行，导致 DOM 无法更新，使整个页面失去响应。为此，Emscripten 提供了一组函数用于消息循环的模拟及调度执行。

4.2.1　emscripten_set_main_loop()

该函数用于创建主消息循环，在消息循环建立后按照设定的频率调用指定的回调函数。

函数声明：

```
void emscripten_set_main_loop(em_callback_func func, int fps, int simulate_
  infinite_loop)
```

参数：

- func，消息处理回调函数。
- fps，消息循环的执行帧率。如果该参数小于等于 0，则使用页面的 requestAnimationFrame 机制调用消息处理函数。该机制可以确保页面刷新率与显示器刷新率对等。对于需要执行图形渲染任务的程序，使用该机制可以得到平滑的渲染速度。
- simulate_infinite_loop，是否模拟“无限循环”，其用法会在后续章节介绍。

返回值：无

先来看一个简单的例子：

```
//msg_loop.cc
#include <emscripten.h>
#include <stdio.h>

void msg_loop() {
    static int count = 0;
    if (count % 60 == 0) {
        printf("count:%d\n", count);
    }
    count++;
}

int main() {
    printf("main() start\n");
    emscripten_set_main_loop(msg_loop, 0, 1);
    printf("main() end\n");
    return 0;
}
```

编译后导入页面，控制台输出如图 4-4 所示。

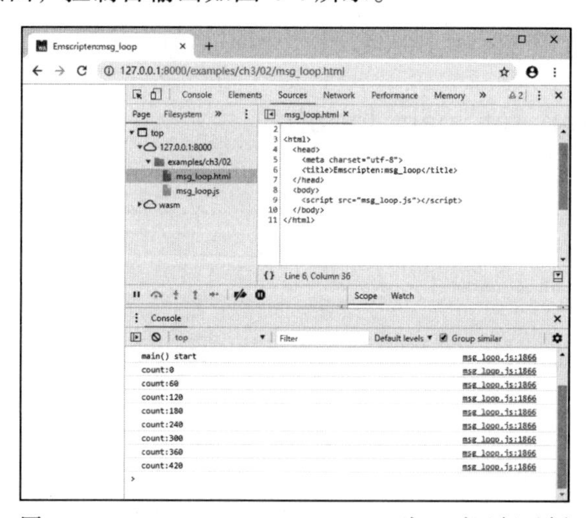

图 4-4 emscripten_set_main_loop() 为 1 时运行示例

注意：控制台输出了“main() start”，但是没有输出“main() end”！这是因为调用 emscripten_set_main_loop() 时，simulate_infinite_loop 参数设置为 1。

若调用 emscripten_set_main_loop() 时，simulate_infinite_loop 参数设置为 0，则控制台输出如图 4-5 所示。

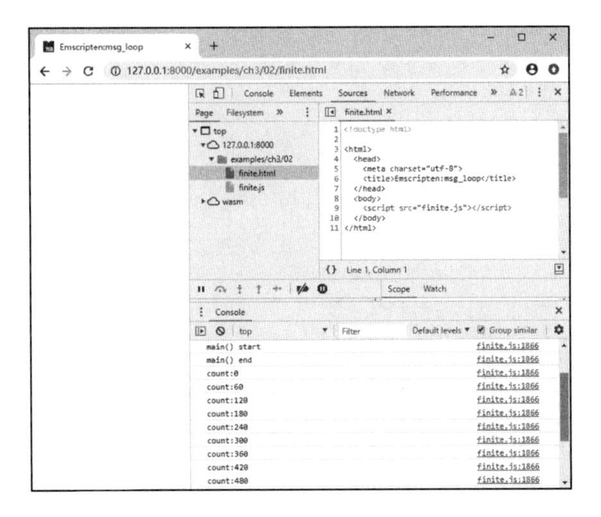

图 4-5　simulate_infinite_loop 为 0 时运行示例

无论 simulate_infinite_loop 参数是否为 1，消息处理函数都会按照设定的帧率无限执行。区别仅在于当其为 1 时，emscripten_set_main_loop() 函数的后续代码不执行，main() 函数栈未销毁。

从直观上来说，此时的程序行为最接近本节开头的伪代码实现。

> **提示** simulate_infinite_loop 参数为 1 时，emscripten_set_main_loop() 函数会抛出 SimulateInfiniteLoop 异常。JavaScript 中的胶水代码截获该异常终止后续代码执行。

4.2.2　消息循环的暂停、继续及终止

函数声明：

```
void emscripten_pause_main_loop(void)
void emscripten_resume_main_loop(void)
void emscripten_cancel_main_loop(void)
```

这三个函数分别用于暂停消息循环、继续消息循环、终止消息循环。例如：

```
//pause_resume_cancel.cc
#include <emscripten.h>
#include <stdio.h>
```

```
void msg_loop() {
    static int count = 0;
    if (count % 60 == 0) {
        printf("count:%d\n", count);
    }
    count++;
}

EM_PORT_API(void) pause_main_loop() {
    emscripten_pause_main_loop();
    printf("pause_main_loop()\n");
}

EM_PORT_API(void) resume_main_loop() {
    emscripten_resume_main_loop();
    printf("resume_main_loop()\n");
}

EM_PORT_API(void) cancel_main_loop() {
    emscripten_cancel_main_loop();
    printf("cancel_main_loop()\n");
}

int main() {
    printf("main() start\n");
    emscripten_set_main_loop(msg_loop, 0, 1);
    printf("main() end\n");
    return 0;
}
```

页面部分创建三个按钮用以交互式调用 pause_main_loop()/resume_main_loop()/cancel_main_loop() 函数，代码如下：

```
<button id = pause onclick=Pause() disabled = true>Pause</button>
<button id = resume onclick=Resume() disabled = true>Resume</button>
<button id = cancel onclick=Cancel() disabled = true>Cancel</button>
<script>
function Pause() {
    Module._pause_main_loop();
}
function Resume() {
    Module._resume_main_loop();
}
function Cancel() {
    Module._cancel_main_loop();
}

Module = {};
```

```
Module.onRuntimeInitialized = function() {
    document.getElementById("pause").disabled = false;
    document.getElementById("resume").disabled = false;
    document.getElementById("cancel").disabled = false;
}
</script>
<script src="pause_resume_cancel.js"></script>
```

页面打开后，依次按下 Pause、Resume、Cancel 按钮，控制台输出如图 4-6 所示。

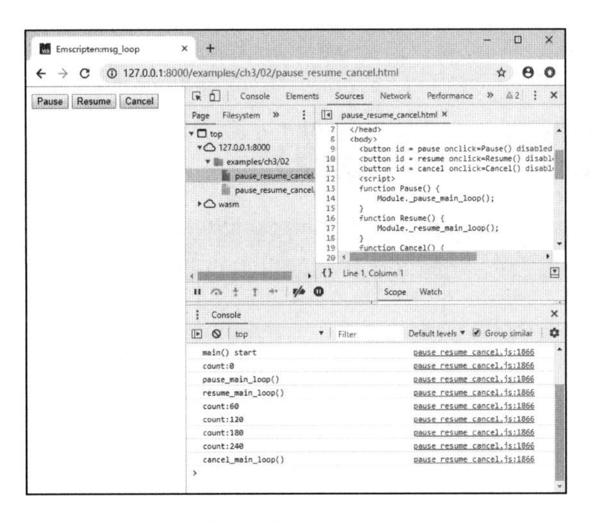

图 4-6　暂停 / 恢复 / 终止消息循环示例

提示　事实上，Emscripten 提供的消息循环函数对 C/C++ 代码来说是侵入式的，因此笔者建议在工程应用中尽可能避免使用。5.1 节将对此进行更多地讨论。

4.3　文件系统

跨平台的 C/C++ 程序常使用 fopen()、fread()、fwrite() 等 Libc/LibCXX 提供的同步文件访问函数。通常在文件系统方面，JavaScript 程序与 C/C++ 本地程序有巨大的差异，主要体现在：

1）运行在浏览器中的 JavaScript 程序无法访问本地文件系统；

2）在 JavaScript 中，无论 ajax() 还是 fetch()，都是异步操作。

Emscripten 提供了一套虚拟文件系统，以兼容 Libc/LibCXX 提供的同步文件访问函数。本节将对该虚拟文件系统进行介绍。

4.3.1 Emscripten 虚拟文件系统架构

Emscripten 虚拟文件系统架构如图 4-7 所示。

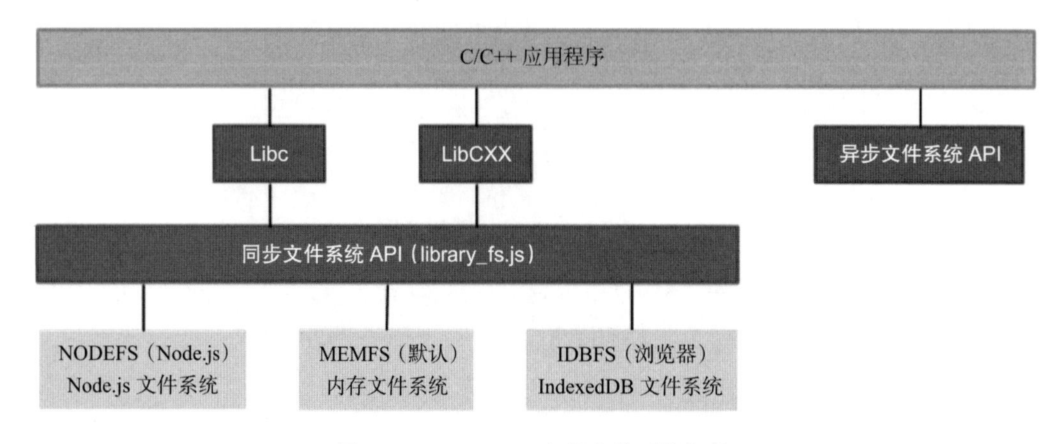

图 4-7 Emscripten 虚拟文件系统架构

在最底层，Emscripten 提供了 3 种文件系统，分别为 MEMFS（内存文件系统）、NODEFS、IDBFS。它们各自的特点如下。

- MEMFS 系统的数据完全存储于内存中，程序运行时写入的数据在页面刷新或程序重载后将丢失。
- NODEFS 是 Node.js 文件系统，可以访问本地文件系统，可以持久化存储数据，但只能用于 Node.js 环境。
- IDBFS 是 IndexedDB 文件系统，是基于浏览器的 IndexedDB 对象，可以持久化存储数据，但只能用于浏览器环境。

提示 异步文件系统 API 是一组声明于 emscripten.h 中的函数，只能在 Emscripten 环境中使用，不符合本书“编译目标不敏感”的理念，故不予介绍。

Emscripten 同步文件系统 API 通过 JavaScript 对象 FS 封装了上述 3 种文件系统，供 fopen()、fread()、fwrite() 等 libc/libcxx 文件访问函数调用。

从调用语法的角度来看，生成 WebAssembly 模块时，C/C++ 代码与生成本地代码时无异，但要注意不同的底层文件系统有不同的特性，以及由此引发的业务逻辑差异。Emscripten 虚拟文件系统所包含的内容非常多，单独成书亦不为过，限于篇幅关系，本节简要介绍基于 MEMFS 的打包文件系统，NODEFS 与 IDBFS 只给出简单例子，不作过多展开。

4.3.2　基于 MEMFS 的打包文件系统

文件导入 MEMFS 系统之前，需要先将其打包。文件打包可以通过 emcc 命令完成，也可以使用单独的文件打包工具 file_packager.py 完成。

文件打包有两种模式：embed 以及 preload。在 embed 模式下，文件数据被转换为 JavaScript 代码；在 preload 模式下，除了生成 .js 文件外，还会额外生成同名的 .data 文件。其中，.data 文件包含所有文件的二进制数据，.js 文件包含 .data 文件包下载、装载操作的胶水代码。

> **提示**　对于 embed 模式，其需要将数据文本化编码，所产生的文件包体积大于 preload 模式下产生的文件包体积，因此除非需要打包的文件总数据量非常小，否则尽可能使用 preload 模式。

当使用 emcc 命令完成打包时，--preload-file 参数指以 preload 模式打包指定的文件或文件夹；相对地，--embed-file 参数指以 embed 模式打包指定的文件或文件夹。

例如，C 中源文件 packfile.cc 所在目录下有一个名为 hello.txt 的文本文件，在 packfile.cc 所在目录下执行以下命令：

```
emcc packfile.cc -o packfile.js --preload-file hello.txt
```

将生成 packfile.js 以及 packfile.data 文件，其中 packfile.data 文件中打包了 hello.txt 文本文件。用 C 代码读取 hello.txt 文件内容并执行打印，代码如下：

```
//packfile.cc
int main() {
```

```
    FILE* fp = fopen("hello.txt", "rt");
    if (fp) {
        while (!feof(fp)) {
            char c = fgetc(fp);
            if (c != EOF) {
                putchar(c);
            }
        }
        fclose(fp);
    }
    return 0;
}
```

控制台输出如图 4-8 所示。

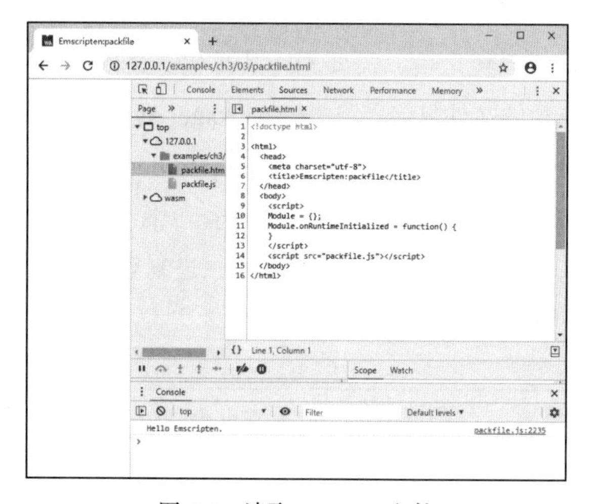

图 4-8 读取 MEMFS 文件

--preload-file 参数不仅可以打包单个文件，还可以打包整个目录。例如，C 代码文件 packdir.cc 所在目录下有一个名为 dat_dir 的文件夹，其结构如下：

```
|--packdir.cc
|--dat_dir
   |--t1.txt
   |--t2.txt
   |--sub_dir
      |--t3.txt
```

在 packdir.cc 所在目录下执行以下命令：

```
emcc packdir.cc -o packdir.js --preload-file dat_dir
```

生成打包文件 packdir.data 文件，其中包括 dat_dir 的所有内容。C 代码如下：

```
//packdir.cc
void read_fs(const char* fname) {
    FILE* fp = fopen(fname, "rt");
    if (fp) {
        while (!feof(fp)) {
            char c = fgetc(fp);
            if (c != EOF) {
                putchar(c);
            }
        }
        fclose(fp);
    }
}

void write_fs() {
    FILE* fp = fopen("t3.txt", "wt");
    if (fp) {
        fprintf(fp, "This is t3.txt.\n");
        fclose(fp);
    }
}

int main() {
    read_fs("dat_dir/t1.txt");
    read_fs("dat_dir/t2.txt");
    read_fs("dat_dir/sub_dir/t3.txt");

    write_fs();
    read_fs("t3.txt");
    return 0;
}
```

控制台输出如图 4-9 所示。

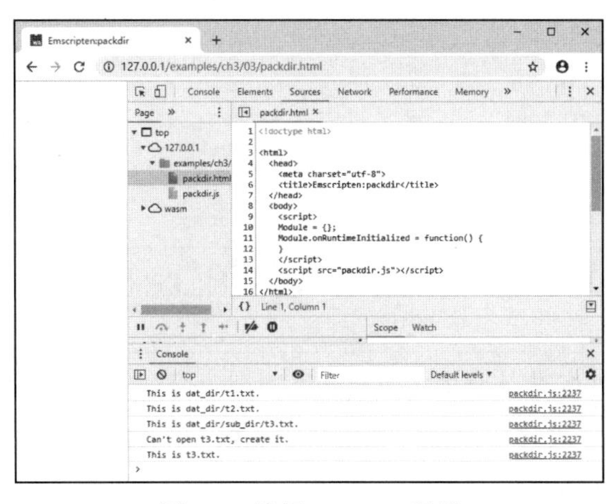

图 4-9　访问 MEMFS 目录

Emscripten 使用 Unix 风格的目录分隔符“ / ”。从 C 代码的角度来看，打包文件将被载入当前路径下。载入打包文件后，可以创建文件及文件夹，并写入数据，但是写入的数据实际上位于 JavaScript 管理的内存中。当页面刷新后，所有的写入数据都会丢失。

另一种打包方式是使用位于 <emsdk>/<sdk_ver>/tools/ 下的 Python 脚本 file_packager.py 生成外挂文件包。例如，下列命令以 preload 模式将 dat_dir 目录打包为 fp.data 以及 fp.js 文件：

```
python emsdk/1.38.11/tools/file_packager.py fp.data --preload dat_dir --js-output=fp.js
```

使用外挂文件包时，主程序编译必须增加 -s FORCE_FILESYSTEM=1 参数以强制启用文件系统，如：

```
emcc packdir.cc -o packdir_sep.js -s FORCE_FILESYSTEM=1
```

在网页中，必须先引入外挂文件包 .js，再引入主程序 .js：

```
//packdir_sep.html
<script src="fp.js"></script>
<script src="packdir_sep.js"></script>
```

上述例子在控制台输出如图 4-10 所示。

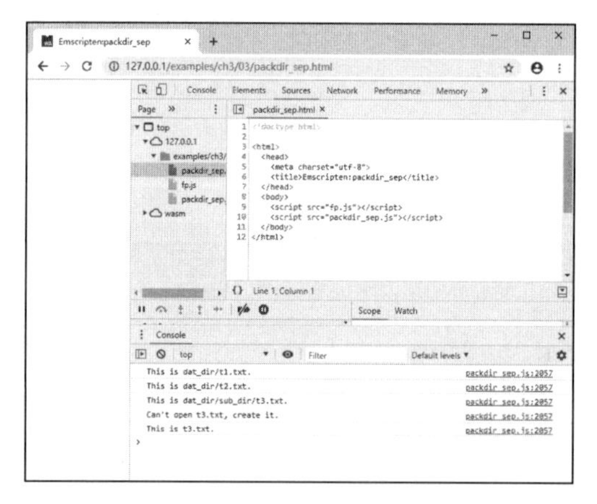

图 4-10　使用 MEMFS 外挂文件包

提示　虽然下载文件包是异步的，但是 Emscripten 可以确保运行时准备就绪时，文件系统初始化完成，因此在 Module.onRuntimeInitialized() 回调函数中使用文件系统是安全的。

4.3.3 NODEFS 文件系统

下面是一个使用 NODEFS 文件系统的例子，代码如下：

```
//nodefs.cc
void setup_nodefs() {
    EM_ASM(
        FS.mkdir('/data');
        FS.mount(NODEFS, {root:'.'}, '/data');
    );
}

int main() {
    setup_nodefs();

    FILE* fp = fopen("/data/nodefs_data.txt", "r+t");
    if (fp == NULL) fp = fopen("/data/nodefs_data.txt", "w+t");
    int count = 0;
    if (fp) {
        fscanf(fp, "%d", &count);
        count++;
        fseek(fp, 0, SEEK_SET);
        fprintf(fp, "%d", count);
        fclose(fp);
        printf("count:%d\n", count);
    }
    else {
        printf("fopen failed.\n");
    }

    return 0;
}
```

其中，setup_nodefs() 使用 EM_ASM 宏执行了挂接 NODEFS 的 JavaScript 脚本，FS.mkdir('/data') 在虚拟文件系统中创建了"/data"目录，FS.mount(NODEFS, {root:'.'}, '/data') 将当前的本地目录挂接到了 /data 目录。main() 函数每次运行会打开 /data/nodefs_data.txt——对应当前本地目录中的 nodefs_data.txt，从中读取一个整数，加 1 后写回。

用 emcc 编译上述代码：

```
emcc nodefs.cc -o nodefs.js
```

使用 node 多次运行 nodefs.js，输出如下：

```
> node nodefs.js
count:2
```

```
> node nodefs.js
count:3
> node nodefs.js
count:4
```

4.3.4 IDBFS

下面是一个使用 IDBFS 文件系统的例子，代码如下：

```
void sync_idbfs() {
    EM_ASM(
        FS.syncfs(function (err) {});
    );
}

EM_PORT_API(void) test() {
    FILE* fp = fopen("/data/nodefs_data.txt", "r+t");
    if (fp == NULL) fp = fopen("/data/nodefs_data.txt", "w+t");
    int count = 0;
    if (fp) {
        fscanf(fp, "%d", &count);
        count++;
        fseek(fp, 0, SEEK_SET);
        fprintf(fp, "%d", count);
        fclose(fp);
        printf("count:%d\n", count);

        sync_idbfs();
    }
    else {
        printf("fopen failed.\n");
    }
}

int main() {
    EM_ASM(
        FS.mkdir('/data');
        FS.mount(IDBFS, {}, '/data');
        FS.syncfs(true, function (err) {
            assert(!err);
            ccall('test', 'v');
        });
    );

    return 0;
}
```

与 NODEFS 类似，IDBFS 的挂接是通过 FS.mount() 方法完成的。事实上在运行时，IDBFS 仍然是使用内存来存储虚拟文件系统，只不过 IDBFS 可以通过 FS.syncfs() 方法进行内存数据与 IndexedDB 的双向同步，以达到数据持久化存储的目的。FS.syncfs() 是异步操作，因此在上述例子中，读写文件的 test() 函数必须在 FS.syncfs() 的回调函数中调用。上述程序在每次刷新页面后，控制台输出的 count 加 1，如图 4-11 所示。

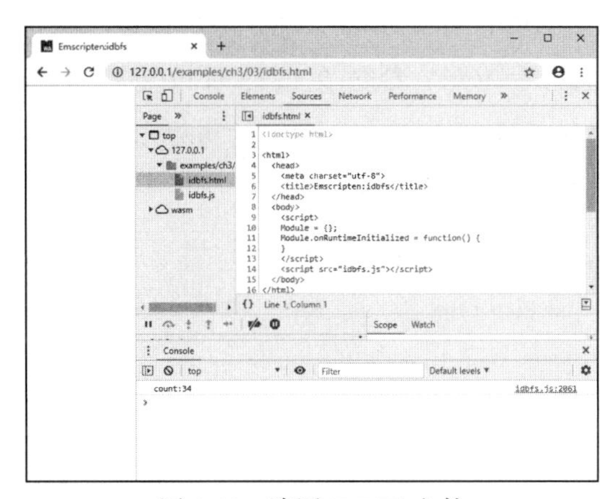

图 4-11　读写 IDBFS 文件

4.4　内存管理

第 3 章介绍了 Emscripten 使用的线性内存模型，以及 C/C++ 代码和 JavaScript 代码通过 Emscripten 堆交换数据的方法。本节将介绍 Emscripten 内存管理的相关内容。

4.4.1　内存容量 / 栈容量

Emscripten 当前版本（v1.38.11）默认的内存容量为 16MB，栈容量为 5MB。在使用 emcc 编译时，可以使用 TOTAL_MEMORY 参数控制内存容量。下列命令行在编译 mem.cc 时将输出模块的内存容量设置为 64MB。

```
emcc mem.cc -s TOTAL_MEMORY=67108864 -o mem.js
```

相应地，栈容量可以通过 TOTAL_STACK 参数设置。下列命令将栈容量设为 3MB：

```
emcc mem.cc -s TOTAL_STACK=3145728 -o mem.js
```

由于栈空间消耗内存，并且程序在运行时栈空间不可调，因此实际程序可用的堆空间容量小于等于内存容量减去栈容量。我们在设置编译参数时，TOTAL_MEMORY 必须大于 TOTAL_STACK。

由于 WebAssembly 内存单位为页（1 页内存为 64KB），因此当编译目标为 wasm 时，TOTAL_MEMORY 必须为 64KB 的整数倍。

除了通过 TOTAL_MEMORY 参数在编译时设定内存容量外，还可以通过预设 Module 对象 TOTAL_MEMORY 属性值的方法设定内存容量，例如，下列 JavaScript 脚本将内存容量设定为 128MB：

```
<script>
var Module = {
    TOTAL_MEMORY : 134217728
}
</script>
<script src="mem.js"></script>
```

在上例中，Emscripten 模块位于 mem.js 中。该方法设置内存容量会覆盖编译时的 TOTAL_STACK 参数，但需要特别注意的是，必须在 Emscripten 模块装载前预设 Module.TOTAL_MEMORY 的值。若在 mem.js 加载后修改 Module.TOTAL_MEMORY，内存的实际容量不会被更改。

4.4.2 可变内存

在默认设置下，Emscripten 堆一经初始化，容量就固定了，无法再扩容。而某些程序在运行时需要的内存容量在不同情况下可能有很大的波动。为了满足某些极端情况的需求而将 TOTAL_MEMORY 设置得非常高无疑是非常浪费的，为此，Emscripten 提供了可在运行时扩大内存容量的模式。欲开启该模式，需要在编译时增加 -s ALLOW_MEMORY_GROWTH=1 参数，例如：

```
emcc mem.cc -s ALLOW_MEMORY_GROWTH=1 -o mem.js
```

在可变内存模式下，可使用 malloc() 等函数分配内存，若可用空间不足，将引发 Emscripten 堆扩容。扩容时，内存中原有的数据会被复制到扩容后的内存空间，因此扩容并不会导致数据丢失或地址变更。

可变内存模式虽然提供了很多便利，但当编译目标为 asm.js 时，会影响性能。当编译目标为 wasm 时，可变内存模式非常高效，不会影响运行性能。因此在编译为 wasm 时，可变内存是推荐用法。

即使采用了可变内存模式，内存容量仍然受 32 位地址空间的限制。

4.4.3 内存分配器

Emscripten 提供了两种内存分配器。

1）dlmalloc：由 Doug Lea 创建的内存分配器，其变种广泛应用于 Linux 等系统。该内存分配器是 Linux 等系统默认的内存分配器。

2）emmalloc：专为 Emscripten 设计的内存分配器。

emmalloc 的代码体积小于 dlmalloc，但是如果程序中频繁申请大量的小片内存，则使用 dlmalloc 内存分配器较好。

编译时，通过设置 Malloc 参数来指定内存分配器，比如下列命令指定使用 emmalloc：

```
emcc mem.cc -s MALLOC="emmalloc" -o mem.js
```

除非对于代码体积极度敏感的场合，否则 dlmalloc 内存分配器无疑是更优的选择。

4.5 Module 定制

JavaScript 对象 Module 控制了运行时相关的很多行为，本节将介绍与 Module 定制相关的部分内容。

在之前的章节中，我们尝试使用 Module.onRuntimeInitialized() 回调方法在运行时准备就绪后执行测试代码，以及通过更改 Module.TOTAL_MEMORY 来设置内存容量。

同样，我们可以使用类似的方法更改 Module 的标准输出行为，例如：

```
<!--custom_print.html-->
<script>
Module = {};
Module.print = function(e) {
    alert(e);
}
</script>
<script src="hello.js"></script>
```

上述代码将 Module.print 更改为使用 alert() 函数弹出提示框。当 html 页面载入 2.2 节的“你好，世界！”例程的 hello.js 文件后，输出如图 4-12 所示。

图 4-12　使用 alert() 替换 Module.print() 的默认输出

除此之外，Module 对象中提供了 Module.arguments、Module.onAbort、Module.noInitialRun 等一系列可自定义的对象 / 方法。具体使用方法详见 Emscripten 官方文档 https://kripken.Github.io/emscripten-site/docs/api_reference/module.html。

在某些情况下，我们希望在 Emscripten 生成的 .js 胶水代码的前后分别插入一些自定义代码（比如在其前面插入 C/C++ 代码将要调用的 JavaScript 方法、设置 Module 自定义参数等），此时可以使用两个特殊的编译参数：--pre-js <file> 与 --post-js <file>。下面的例子展示了如何在 .js 胶水代码的前后插入自定义代码，其中 C 代码如下：

```
//hello.cc
#include <stdio.h>

int main() {
    printf(" 你好，世界！ \n");
```

```
    return 0;
}
```

pre.js 中是将要被插入到 .js 胶水代码的头部，这里我们重新定义了 printf() 函数，在输出的结果前增加了 pre.js 前缀，如下：

```
//pre.js
Module = {};
Module.print = function(e) {
    console.log('pre.js: ', e);
}
```

post.js 中是将要被插入到 .js 胶水代码的尾部，这里我们简单地在控制台输出 post.js，如下：

```
//post.js
console.log('post.js');
```

使用下列命令编译：

```
emcc hello.cc --pre-js pre.js --post-js post.js -o pre_hello_post.js
```

生成的 pre_hello_post.js 部分内容截取如下：

```
...
// --pre-jses are emitted after the Module integration code, so that they can
// refer to Module (if they choose; they can also define Module)
Module = {};
Module.print = function(e) {
    console.log('pre.js: ', e);
}
// Sometimes an existing Module object exists with properties
// meant to overwrite the default module functionality. Here
// we collect those properties and reapply _after_ we configure
// the current environment's defaults to avoid having to be so
// defensive during initialization.
var moduleOverrides = {};

...

run();
// {{POST_RUN_ADDITIONS}}
// {{MODULE_ADDITIONS}}
console.log('post.js');
```

由此可见，其中包含 3 个部分：pre.js 中的内容，hello.cc 编译后产生的 .js 文件中的内容，post.js 中的内容。

上述代码运行后输出如图 4-13 所示。

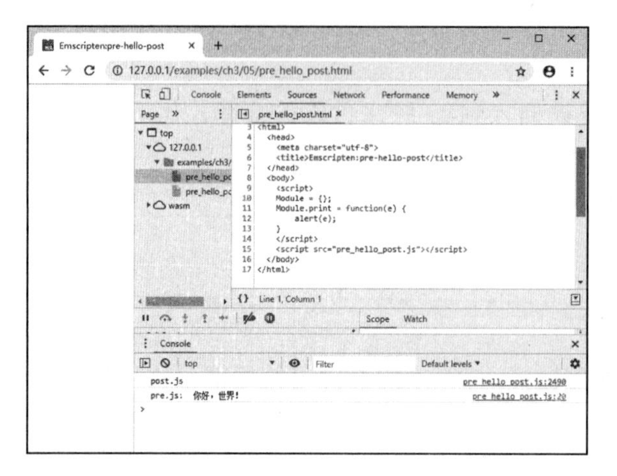

图 4-13 插入自定义 JavaScript 代码段

提示 控制台先输出了 post.js，因为 wasm 模块是异步加载的。

4.6 示例：人脸检测

本节将展示如何将 C++ 的人脸识别程序移植到浏览器环境。这里我们将采用国内 OpenCV 计算机视觉领域专家于仕琪老师的基于 CNN 算法的人脸检测库，该人脸检测库的完整代码在 GitHub 开源。

4.6.1 facedetect_cnn() 函数

人脸检测由 facedetect_cnn() 函数完成，该函数在 facedetectcnn.h 头文件声明。函数的类型如下：

```
// buffer memory for storing face detection results, !!its size must be
   0x20000 Bytes!!
// input image, it must be RGB (three-channel) image!
int * facedetect_cnn(
    unsigned char * result_buffer,
    unsigned char * rgb_image_data,
    int width, int height, int step
);
```

第一个参数 result_buffer 用于缓存结果，至少需要 0x20000 字节。第二个参数 rgb_image_data 是 RGB 的图像像素格式的数据，width 和 height 参数是图像的宽度和高度，step 参数表示同一列相邻像素内存地址的距离（可以简单理解为每一行的字节数，包含行尾部可能的填充空间）。该函数检测到的人脸信息在返回值中。

我们通过代码查看如何使用该函数的返回值：

```
int *pResults = facedetect_cnn(
    pBuffer, imageData, width, height, width*3
);

for(int i = 0; i < (pResults ? *pResults : 0); i++) {
    short * p = ((short*)(pResults+1))+142*i;
    int x = p[0];
    int y = p[1];
    int w = p[2];
    int h = p[3];
    int neighbors = p[4];
    int angle = p[5];
}
```

如果返回的 pResults 非空，则表示检测到了人脸。*pResults 表示检测到的人脸数目。通过 ((short*)(pResults+1))+142*i 可计算每个人脸的位置。人脸检测最重要的信息是人脸的位置和大小。

4.6.2　facedetect_cnn() 函数再封装

再封装 facedetect_cnn() 函数的目的是返回更加友好的函数。其再封装流程如下。

首先，新定义人脸结果对应的返回值类型，代码如下：

```
// define the buffer size. Do not change the size!
#define DETECT_BUFFER_SIZE 0x20000

struct libfacedetection_capi_result_t {
    std::string *sBuffer;
    int * result;

    libfacedetection_capi_result_t(std::string* s, int* p): sBuffer(s),
       result(p) {}
    ~libfacedetection_capi_result_t() {
        delete this->sBuffer;
    }
};
```

libfacedetection_capi_result_t 类是 C++ 包装类，其中 sBuffer 是结果的缓存空间，result 是 facedetect_cnn() 函数返回的结果。

然后，创建新的 libfacedetection_capi_facedetect_rgb() 检测函数：

```
libfacedetection_capi_result_t* libfacedetection_capi_facedetect_rgb(
    uint8_t * rgb, int width, int height, int step
) {
    std::string* sBuffer = new std::string();
    sBuffer->resize(DETECT_BUFFER_SIZE);

    unsigned char* pBuffer = (unsigned char *)sBuffer->data();
    int* pResults = facedetect_cnn(pBuffer, rgb, width, height, step);
    return new libfacedetection_capi_result_t(sBuffer, pResults);
}
```

内部依然调用的是 facedetect_cnn() 检测函数，但是将返回值和结果的缓存打包在了 libfacedetection_capi_result_t 对象中。

接着，针对每个人脸信息定义新的 libfacedetection_capi_face_t 类型和相关函数，代码如下：

```
struct libfacedetection_capi_face_t {
    int x, y, w, h;
    int neighbors;
    int angle;
};

int libfacedetection_capi_result_len(libfacedetection_capi_result_t* self) {
    int* pResults = self->result;
    return pResults? *pResults: 0;
}

libfacedetection_capi_bool_t libfacedetection_capi_result_get(
    libfacedetection_capi_result_t* self, int i,
    libfacedetection_capi_face_t* face
) {
    int* pResults = self->result;
    int n = pResults? *pResults: 0;

    if(i < 0 || i >= n) return 0;

    short * p = ((short*)(pResults+1))+142*i;
    face->x = p[0];
    face->y = p[1];
    face->w = p[2];
    face->h = p[3];
    face->neighbors = p[4];
```

```
    face->angle = p[5];

    return 1;
}
```

其中，libfacedetection_capi_face_t 包含了人脸的位置和角度等信息，libfacedetection_capi_result_len() 函数则是返回 libfacedetection_capi_result_t 对象中人脸的数目，libfacedetection_capi_result_get() 函数用于获取第几个人的人脸信息。

4.6.3 读取图像并检测人脸

读取图像的方法有很多。我们这里首先以 OpenCV 的 cvLoadImage() 函数从图像文件中读取 IplImage 结构的图像，代码如下：

```
IplImage* pImg = cvLoadImage("lena512color.bmp", 0);
assert(pImg != NULL);
```

然后，调用 libfacedetection_capi_facedetect_rgb() 函数检测 IplImage 结构的 RGB 图像的人脸，代码如下：

```
libfacedetection_capi_result_t* faceDB = libfacedetection_capi_facedetect_rgb(
    (uint8_t*)(pImg->imageData), pImg->width, pImg->height, pImg->widthStep
);
```

最后，在 detectFace() 函数中完成检测和绘制工作，代码如下：

```
libfacedetection_capi_result_t* g_faceDB = NULL;

void detectFace(IplImage *pImg) {
    if(g_faceDB != NULL) return;

    g_faceDB = libfacedetection_capi_facedetect_rgb(
        (uint8_t*)(pImg->imageData),
        pImg->width, pImg->height,
        pImg->widthStep
    );

    int faceCount = libfacedetection_capi_result_len(g_faceDB);
    for(int i = 0; i < faceCount; i++) {
        libfacedetection_capi_face_t face;
        if(!libfacedetection_capi_result_get(g_faceDB, 0, &face)) {
            break;
        }

        printf("face: x = %d, y = %d, w = %d, h = %d\n",
            face.x, face.y, face.w, face.h
```

```
        );
        cvRectangle(pImg,
            cvPoint(face.x, face.y),
            cvPoint(face.x+face.w, face.y+face.h),
            CV_RGB(0, 255,0),
            3, 1, 0
        );
    }
}
```

全局的 g_faceDB 用于保存检测结果，这样是为了避免不必要的重复检测。检测完成之后，根据检测结果，调用 OpenCV 的 cvRectangle() 函数在图像中绘制出人脸的位置，这样就完成了人脸的检测工作。我们最终的目的是要在浏览器实现这个功能，因此采用了经过裁剪的 OpenCV 嵌入式库 EMCV（EMCV 也是于仕琪老师作品，可用于 DSP 等图像处理芯片环境）。

4.6.4 基于 SDL 显示 IplImage 图像

Emscriten 内置了 SDL 库，用于显示视频、图像，同时支持鼠标和键盘操作事件。下面例子展示了 renderIplImage() 函数基于 SDL 显示 IplImage 图像，代码如下：

```
void renderIplImage(SDL_Surface* screen, IplImage *pImg) {
    for (int i = 0; i < screen->h; i++) {
        for (int j = 0; j < screen->w; j++) {
            uchar R = CV_IMAGE_ELEM(pImg, uchar, i, j*3+0);
            uchar G = CV_IMAGE_ELEM(pImg, uchar, i, j*3+1);
            uchar B = CV_IMAGE_ELEM(pImg, uchar, i, j*3+2);

            *((Uint32*)screen->pixels+i*screen->w+j) = SDL_MapRGBA(
                screen->format, B, G, R, 255
            );
        }
    }
}
```

上述代码的基本思路：遍历每个像素的 RGB 颜色值，然后将颜色值写到 SDL 对应的 screen 缓存中。需要注意的是，SDL 采用的是 BGR 颜色顺序，而 IplImage 采用的是 RGB 颜色顺序，因此需要将 R 和 B 颜色的位置调换才能正确显示图像。

然后，将人脸检测代码添加到 SDL 主框架中，代码如下：

```
SDL_Surface *g_pSurface = NULL;
IplImage*    g_pImgLena = NULL

int main(int argc, char* argv[]) {
    SDL_Init(SDL_INIT_VIDEO);

    g_pImgLena = cvLoadImage("/lena512color.bmp", 0);
    g_pSurface = SDL_SetVideoMode(
        g_pImgLena->width, g_pImgLena->height, 32,
        SDL_ANYFORMAT
    );

    emscripten_set_main_loop(renderloop,0,0);
    return 0;
}
```

在 main() 函数中，首先调用 cvLoadImage() 函数加载用于测试的图像数据，然后调用 SDL_SetVideoMode() 函数创建 SDL 场景，最后调用 emscripten_set_main_loop() 函数进入消息循环。

在每次消息循环中，调用 renderloop() 函数完成场景的渲染工作，代码如下：

```
void renderloop() {
    SDL_Flip(g_pSurface);
    SDL_LockSurface(g_pSurface);
    {
        detectFace(g_pImgLena);
        renderIplImage(g_pSurface, g_pImgLena);
    }
    SDL_UnlockSurface(g_pSurface);
}
```

上述代码中，首先在加锁保护的状态下，调用 detectFace() 函数对 IplImage 格式的图像检测并绘制人脸位置，然后调用 renderIplImage() 函数将 IplImage 图像复制到 g_pSurface 中，最后通过 SDL_Flip() 将 g_pSurface 图像数据显示出来。

网页运行的效果如图 4-14 所示。

编译阶段有两个地方需要注意：首先是要通过 -s ALLOW_MEMORY_GROWTH=1 参数增大内存；其次是要通过 --preload-file lena512color.bmp 参数打包测试用的图像。

图 4-14 人脸检测示例运行效果

4.7 本章小结

本章介绍了消息循环、文件系统、内存容量控制等最常用的 Emscripten 模块运行时特性。C/C++ 代码经 Emscripten 工具链编译后生成的是 wasm 代码和 JavaScript 代码，它们最终将在浏览器或者 Node 这样的容器中运行，因此使用 Emscripten 进行开发时，需要时刻注意 JavaScript 环境与本地环境的区别。

Emscripten 运行时的功能和自定义参数繁多，从个人经验来说，有两个较常查阅的源文件，分别为 emsdk/emscripten/<sdk_ver>/src/settings.js、emsdk/emscripten/<sdk_ver>/system/include/emscripten.h。前者包含了所有的编译选项及解释；后者包含了 emscripten_set_main_loop()/emscripten_run_script() 等 Emscripten 特有函数的声明。

当然，对于希望深入了解 Emscripten 的读者来说，官网 https://kripken.Github.io/emscripten-site/ 是必不可少的资料来源。

本书关于 Emscripten 的基本介绍到此告一段落。后续章节将着重介绍实际工程实践中遇到的常见问题和解决途径。

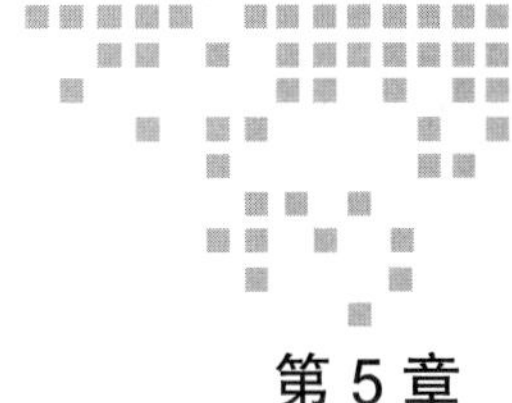

第 5 章 Chapter 5

WebAssembly 友好的一般性方法

本章将讨论以 WebAssembly 作为编译目标时，编写 C/C++ 程序常遇到的部分一般性问题。这些问题的发现及解决来自笔者在实际工作中的经验，而且提出的解法既不是唯一解，也不一定是最优解。C/C++ 技巧浩如烟海，优雅编程的道路没有尽头，与诸君共勉。

5.1 消息循环分离

4.2 节介绍了使用 emscripten_set_main_loop() 维护消息循环的方法，该方法虽然可以简单地模拟消息循环，但其功能常常不能满足实际的工程应用需求。本节将讨论 emscripten_set_main_loop() 系列函数的不足之处和解决方法。

5.1.1 emscripten_set_main_loop() 的不足

大体上，emscripten_set_main_loop() 的作用可以归结为：

1）保持程序处于活动状态；

2）解析并处理各种消息（输入事件、定时事件等）。

针对上述第1点，4.1节中提到在新版的Emscripten（v1.37.26以后）环境下，运行时默认不随main()函数退出而退出，Module在网页关闭前一直可用，因此无须使用emscripten_set_main_loop()来保持程序处于活动状态。

参考em_callback_func的定义：

```
typedef void (*em_callback_func)(void);
```

不难发现，消息回调函数没有参数，这事实上导致Emscripten内建的消息循环并不能携带消息，不具备事件分发及处理功能，在大多数情况下只能起到循环定时器的作用，如果需要完整的基于事件驱动的模块，仍然需要提供额外的事件入口。

大多数操作系统级消息循环都是围绕着特定的消息体展开的（比如Windows的MSG结构体），跨平台编程时（WebAssembly事实上也是平台的一种），将这些消息循环与操作系统紧密相关的部分从核心逻辑代码中分离出去是通用的做法。在实际工程项目中，笔者倾向于将C/C++代码封装为C API形式的带状态库，外置消息循环，以达到兼容WebAssembly环境和本地环境的目的。

5.1.2 在JavaScript中创建定时循环

JavaScript本身是事件驱动型的语言，因此对于仅由事件驱动而无须定时执行的C/C++模块来说，只要在特定事件发生时调用模块提供的对应事件处理函数即可。第8章将介绍GUI事件驱动的示例。

对于需要定时执行的应用，JavaScript中有很多方法可以实现，包括setTimeout()、setInterval()、window.requestAnimationFrame()等。需要定时执行的应用中，有相当一部分是基于Web的动态图形渲染应用，这类应用往往需要稳定的执行间隔和平滑的帧率，此时使用window.requestAnimationFrame()是最佳选择。

该方法声明如下：

```
requestId = window.requestAnimationFrame(cb_func);
```

参数：

- cb_func，一个回调函数，浏览器下一帧重绘之前会调用该函数。

实际应用中，在回调函数内部会再次调用window.requestAnimationFrame()，例如：

```
function step_func() {
  //do sth.
  window.requestAnimationFrame(step_func);
}
```

这样每次浏览器重绘前都会执行 step_func() 函数。

浏览器的重绘帧率与显示设备的重绘帧率是同步对齐的。下列 C 代码中 step() 函数统计并输出帧率：

```
//loop.cc
#include <emscripten.h>
#include <stdio.h>
#include <time.h>

EM_PORT_API(void) step() {
    static int count = 0;
    static long cb = clock();

    long t = clock();
    if (t - cb >= CLOCKS_PER_SEC) {
        cb = t;
        printf("current clock:%ld, current fps:%d\n", t, count);
        count = 0;
    }
    count++;
}
```

对应的 JavaScript 代码如下：

```
<!--loop.html-->
<script>
function step_run() {
    Module._step();
    window.requestAnimationFrame(step_run);
}
Module = {};
Module.onRuntimeInitialized = function() {
    window.requestAnimationFrame(step_run);
}
</script>
<script src="fps.js"></script>
```

浏览页面后，控制台输出如图 5-1 所示。

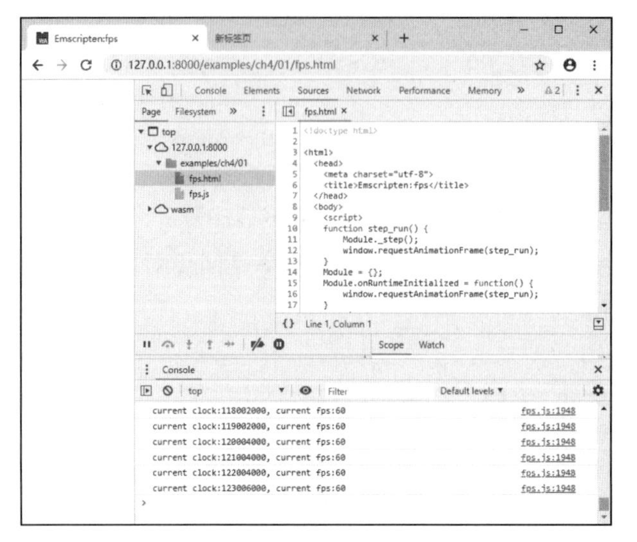

图 5-1 显示帧率示例

> 提示 事实上，Emscripten 内建的消息循环使用的也是类似的机制，把消息循环单独拿出来一方面是为了让大家更好地理解 Emscripten 的运行过程；另一方面是笔者认为大多数 C/C++ 程序员对代码有很强的“控制欲”。

5.2 内存对齐

当目标指令集为 x86/x64 时，未对齐的内存读写不会导致错误的结果；而在 Emscripten 环境下，编译目标为 asm.js 与 wasm 时，情况又有所不同。本节将讨论内存未对齐所带来的危害。

> 提示 这里“未对齐”的含义是：欲访问的内存地址不是欲访问的数据类型大小的整数倍。

5.2.1 asm.js

下面的例子执行了未对齐的内存的访问，C 代码如下：

```
//unaligned.cc
struct ST {
    uint8_t    c[4];
    float     f;
};

int main() {
    char *buf = (char*)malloc(100);
    ST *pst = (ST*)(buf + 2);  //注意，这里我们刻意错开了2字节引起内存非对齐

    pst->c[0] = pst->c[1] = pst->c[2] = pst->c[3] = 123;
    pst->f = 3.14f;

    printf("c[0]:%d,c[1]:%d,c[2]:%d,c[3]:%d,f:%f\n",
        pst->c[0], pst->c[1], pst->c[2], pst->c[3], pst->f);

    free(buf);
    return 0;
}
```

使用下列命令以 asm.js 为目标进行编译：

```
emcc unaligned.cc -s WASM=0 -o unaligned_asmjs.js
```

浏览页面后，控制台输出如图 5-2 所示。

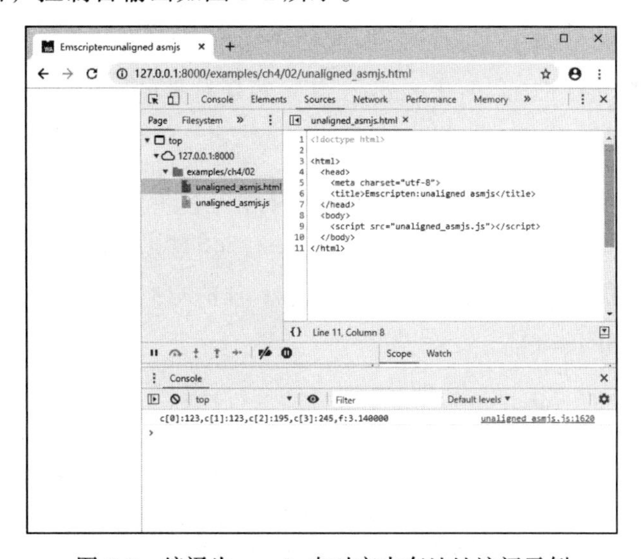

图 5-2　编译为 asm.js 未对齐内存地址访问示例

为什么 pst->c[2]、pst->c[3] 的值变了？我们来看生成的 JavaScript 代码，如图 5-3 所示。

```
1954 function _main() {
1955   var $0 = 0, $1 = 0, $10 = 0, $11 = 0, $12 = 0, $13 = 0, $14 = 0, $15 = 0, $16 = 0, $17 =
1956   var $27 = 0, $28 = 0, $29 = 0, $3 = 0, $30 = 0, $31 = 0, $32 = 0.0, $33 = 0.0, $34 = 0, $
1957   var label = 0, sp = 0;
1958   sp = STACKTOP;
1959   STACKTOP = STACKTOP + 48|0; if ((STACKTOP|0) >= (STACK_MAX|0)) abortStackOverflow(48|0);
1960   $vararg_buffer = sp;
1961   $0 = 0;
1962   $3 = (_malloc(100)|0);
1963   $1 = $3;
1964   $4 = $1;
1965   $5 = ((($4)) + 2|0);
1966   $2 = $5;
1967   $6 = $2;
1968   $7 = ((($6)) + 3|0);
1969   HEAP8[$7>>0] = 123;
1970   $8 = $2;
1971   $9 = ((($8)) + 2|0);
1972   HEAP8[$9>>0] = 123;
1973   $10 = $2;
1974   $11 = ((($10)) + 1|0);
1975   HEAP8[$11>>0] = 123;
1976   $12 = $2;
1977   HEAP8[$12>>0] = 123;
1978   $13 = $2;
1979   $14 = ((($13)) + 4|0);
1980   HEAPF32[$14>>2] = 3.1400001049041748;
1981   $15 = $2;
1982   $16 = HEAP8[$15>>0]|0;
1983   $17 = $16&255;
1984   $18 = $2;
1985   $19 = ((($18)) + 1|0);
1986   $20 = HEAP8[$19>>0]|0;
```

图 5-3 未对齐内存访问编译为 asm.js 的代码

注意看 C 代码 pst->f = 3.14f 对应 JavaScript 代码的第 1980 行：

```
HEAPF32[$14>>2] = 3.1400001049041748;
```

以 asm.js 为目标时，读写内存中某种基本类型的数据，是通过该类型对应的 HEAP 视图（TypedArray）完成的。如上例中访问 float 型变量时使用的是类型为 Float32Array 的 HEAPF32，而 TypedArray 天然是对齐的，无法正确读写未对齐的地址所指向的数据。

对 C 语言来说，malloc() 函数返回的地址与所有基本数据类型对齐（至少为 8 字节，对应 double 类型）。上述例子中 ST *pst = (ST*)(buf + 2) 导致 pst->f 的地址无法满足 float 型的 4 字节对齐，因此访问 pst->f 的 C 代码编译为 asm.js 后实际上是向前越界的，如图 5-4 所示。

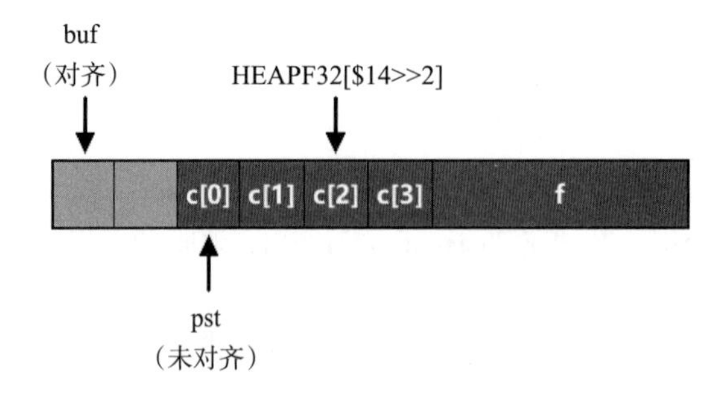

图 5-4 编译为 asm.js 后未对齐内存访问向前越界图示

5.2.2　wasm

上述例子中，如果将编译目标恢复为 wasm：

```
emcc unaligned.cc -o unaligned_wasm.js
```

浏览页面后，控制台输出如图 5-5 所示。

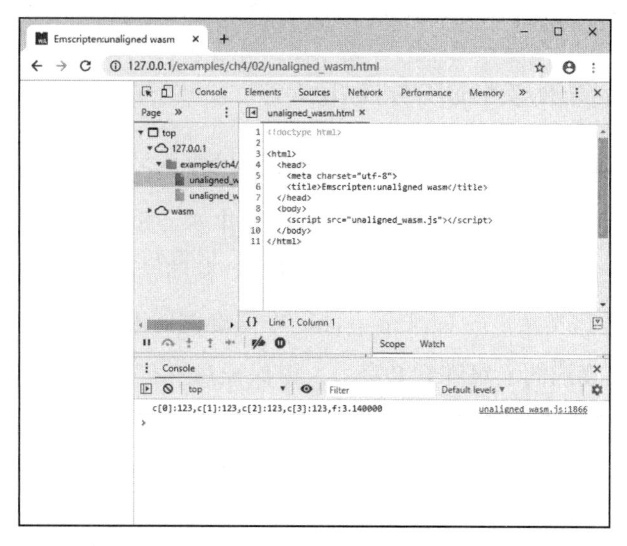

图 5-5　编译为 wasm 未对齐内存地址访问示例

很戏剧化吧，为何编译为 wasm 后数据是正确的？

因为 WebAssembly 虚拟机的内存读写指令即使地址未按相应类型对齐，也可以正确执行，比如本例编译为 wasm 后的 f32.store 指令，如图 5-6 所示。

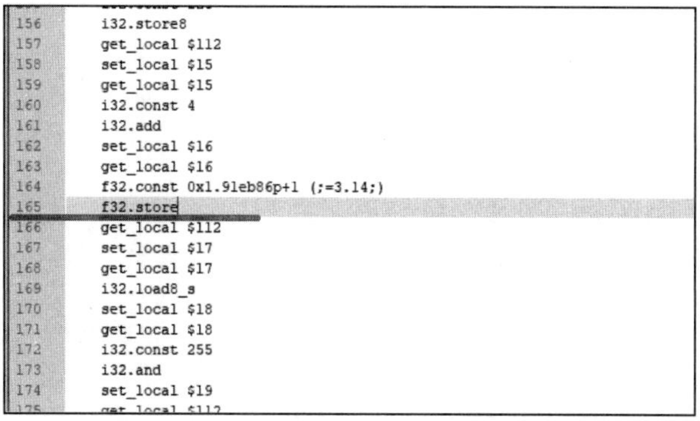

```
156    i32.store8
157    get_local $112
158    set_local $15
159    get_local $15
160    i32.const 4
161    i32.add
162    set_local $16
163    get_local $16
164    f32.const 0x1.91eb86p+1 (;=3.14;)
165    f32.store
166    get_local $112
167    set_local $17
168    get_local $17
169    i32.load8_s
170    set_local $18
171    get_local $18
172    i32.const 255
173    i32.and
174    set_local $19
```

图 5-6　未对齐内存访问编译为 wasm 的代码

这是否意味着以 wasm 为编译目标就可以忽略内存对齐的问题呢？不！原因在于：

1）地址未对齐时，wasm 指令的执行性能会下降；

2）当需要通过内存在 C/C++ 与 JavaScript 之间传递大量数据时，仍然绕不过内存的 TypedArray 视图（比如在 C/C++ 中组合渲染数据后交由 WebGL 进行绘制）。

5.2.3 避免及检测未对齐的内存操作

大多数未对齐的内存操作源自强制变更指针类型，比如本节例程中将 char * 变更为 ST *，然而这种用法很难彻底避免，比如序列化 / 反序列化、使用缓冲池存储多种类型的数据等。当混用缓冲区时，我们应仔细设计存储结构，使每种类型的数据均对齐到最大长度的数据类型。比如某个缓冲区中需要同时存储字符串和 double 类型数据，那么字符串长度应向上对齐到 8 字节，以保证对所有数据都是对齐访问的。

在默认编译选项下，未对齐的内存操作引发的数据错误是静默的，难以排查。使用 SAFE_HEAP=1 选项进行编译可以检查未对齐的内存操作。使用该选项后，运行中产生未对齐的内存读写时会抛出异常。例如使用以下命令编译：

```
emcc unaligned.cc -s SAFE_HEAP=1 -o safe_heap.js
```

浏览页面后，控制台输出如图 5-7 所示。

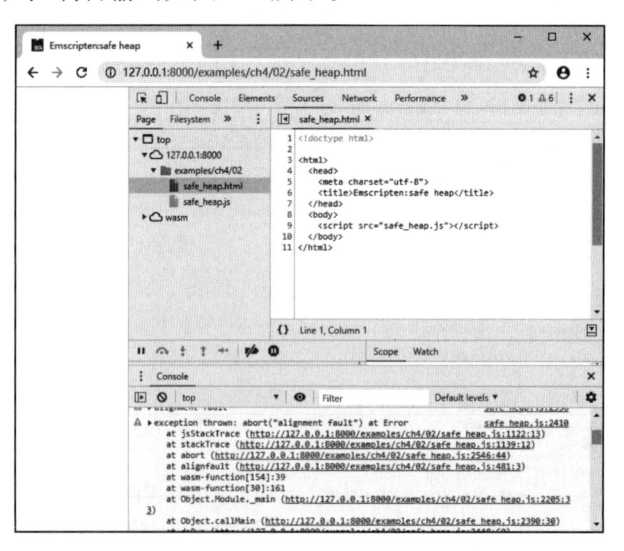

图 5-7 打开内存对齐检测后未对齐内存访问引发异常

我们可以从控制台输出的异常信息栈中知道引发未对齐内存操作的函数及该操作在函数中的大致位置。

无论编译目标是 asm.js 还是 wasm，SAFE_HEAP 模式都可以检测未对齐的内存操作。当然在该模式下，程序的运行性能会受较大影响，应仅在测试时使用。

5.3　使用 C 接口导出 C++ 对象

在 Emscripten 中，Embind 和 WebIDL Binder 都可以用于将 C++ 对象导出至 JavaScript。但笔者在实际工程中并没有使用这两种方法，一方面是因为这些方法是侵入式的，另一方面是我们对于“是否应该使用 C++ 类作为库接口”本身持保留态度——设计出一个糟糕的 C++ 接口的可能性远高于设计出一个糟糕的 C 接口。当然，这并不意味着笔者反对使用 C++。事实上，笔者日常使用的主力语言是 C++，只不过从接口设计的角度来说，认为应该避免让 C++ 类的复杂性溢出库边界，因此使用 C 接口导出 C++ 对象就成了优先选择。本节将介绍如何使用 C 接口导出 C++ 对象。

我们先定义一个简单的类 CSum，它有一个公有函数 Inc() 用于执行累加操作，一个私有成员 m_nSum 用于存放累加值：

```
//exp_class.cpp
class CSum {
public:
    CSum() {
        printf("CSum::CSum()\n");
        m_nSum = 13;
    }
    virtual ~CSum() {
        printf("CSum::~CSum()\n");
    }

    int Inc(int i){
        printf("CSum::Inc()\n");
        m_nSum += i;
        return m_nSum;
    }
private:
    int m_nSum;
};
```

接下来，定义两个导出函数，分别用于执行 CSum 类的 new 和 delete 操作：

```
//exp_class.cpp
struct Sum;

EM_PORT_API(struct Sum*) Sum_New() {
    CSum *obj = new CSum();
    return (struct Sum*)obj;
}

EM_PORT_API(void) Sum_Delete(struct Sum* sum) {
    CSum *obj = (CSum*)sum;
    delete obj;
}
```

事实上，Sum_New() 的返回值和 Sum_Delete() 的参数是 CSum 对象在堆中的地址。这里额外定义了空结构体 Sum，并使用 Sum* 作为 CSum 对象的指针类型，既避免了使用 void* 导致的类型不明，又可以在编译阶段提供强制类型检测。

接下来，我们定义导出函数 Sum_Inc()，它的首个参数是一个 Sum* 型的指针（即 CSum 对象的地址）：

```
//exp_class.cpp
EM_PORT_API(int) Sum_Inc(struct Sum* sum, int i) {
    CSum *obj = (CSum*)sum;
    return obj->Inc(i);
}
```

至此就完成了 CSum 类的导出，然后在 JavaScript 中调用 Sum_New() 创建 CSum 对象，并调用其公有成员函数：

```
//exp_class.html
Module.onRuntimeInitialized = function() {
    var s = Module._Sum_New();
    console.log(Module._Sum_Inc(s, 29));
    Module._Sum_Delete(s);
}
```

浏览页面后，控制台输出如图 5-8 所示。

提示 由于内存模型的差异，C++ 中的对象结构和 JavaScript 中的对象结构完全不同。Module._Sum_New() 返回的是新建的 CSum 对象在 Module 堆中的地址，而非 JavaScript 对象。这种方法本质上是将 C++ 对象的地址用作 JavaScript 和 C++ 沟通的桥梁。

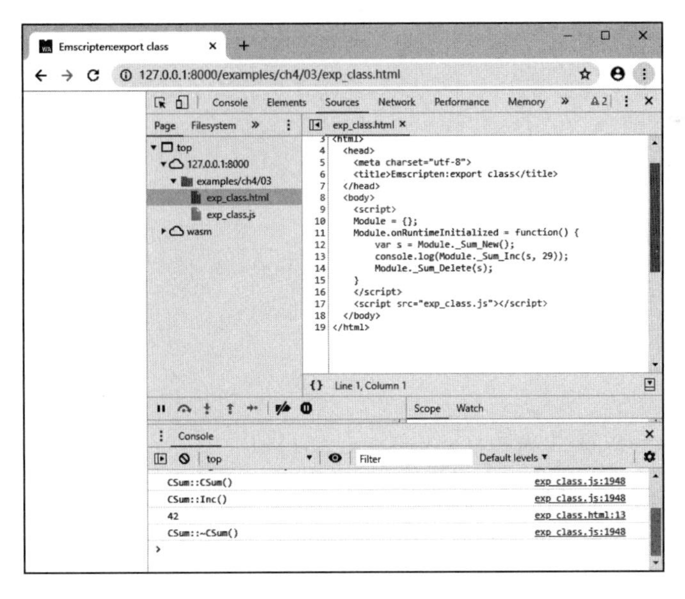

图 5-8　使用 C 接口导出 C++ 对象

带有继承关系的子类对象也可以用同样的方法导出，例如我们定义父类 CShape、子类 CTriangle/CCircle，以及相应的导出函数如下：

```
//exp_child_class.cpp
class CShape {
public:
    CShape() {};
    virtual ~CShape() {};

    virtual void WhatAreYou() = 0;
};

class CTriangle : public CShape {
public:
    CTriangle() {}
    virtual ~CTriangle() {}

    void WhatAreYou(){ printf("I'm a triangle.\n") ;}
};

class CCircle : public CShape {
public:
    CCircle() {}
    virtual ~CCircle() {}
```

```
    void WhatAreYou(){ printf("I'm a circle.\n") ;}
};

//----------------------------------

struct Shape;

// 用于创建 CTriangle 实例的导出函数:
EM_PORT_API(struct Shape*) Shape_New_Triangle() {
    CTriangle *obj = new CTriangle();
    return (struct Shape*)obj;
}

// 用于创建 CCircle 实例的导出函数:
EM_PORT_API(struct Shape*) Shape_New_Circle() {
    CCircle *obj = new CCircle();
    return (struct Shape*)obj;
}

// 用于删除 CShape 实例的导出函数:
EM_PORT_API(void) Shape_Delete(struct Shape* shape) {
    CShape *obj = (CShape*)shape;
    delete obj;
}

// 查询 CShape 实例的子类类型的导出函数:
EM_PORT_API(void) Shape_WhatAreYou(struct Shape* shape) {
    CShape *obj = (CShape*)shape;
    obj->WhatAreYou();
}
```

在 JavaScript 中分别创建 2 个子类对象，并调用其继承的方法：

```
//exp_child_class.html
Module.onRuntimeInitialized = function() {
    var t = Module._Shape_New_Triangle();
    Module._Shape_WhatAreYou(t);

    var c = Module._Shape_New_Circle();
    Module._Shape_WhatAreYou(c);

    Module._Shape_Delete(t);
    Module._Shape_Delete(c);
}
```

浏览页面后，控制台输出如图 5-9 所示。

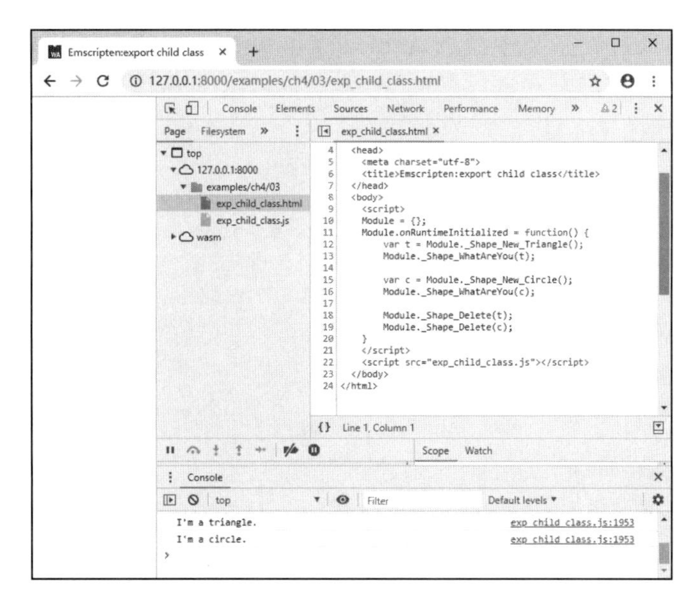

图 5-9　使用 C 接口导出子类实例

5.4　C++ 对象生命周期管理

C++ 没有 GC 机制，当 C++ 对象被导出到 JavaScript 环境后，必须使用某种方法管理对象生命周期，以彻底杜绝野指针、内存泄漏。引用计数无疑是最常用的 C++ 对象生命周期管理方法，本节将对该方法进行简要介绍。

5.4.1　引用计数

对象生命周期管理需要解决的问题是：当一个对象可能在多个地方被引用时，如何决定何时将其销毁。引用计数法解决这一问题非常简单，步骤如下：

1）每个对象自带一个初始值为 0 的引用计数。

2）对象的每个使用者在获得一个对象的引用时，将其引用计数加 1。

3）对象的使用者在使用完该对象后，并不直接销毁它，而是将其引用计数减 1；当引用计数降为 0 时，说明已经没有任何使用者持有该对象的引用，可以将其安全地销毁。

C++ 中一般通过在基类中添加 AddRef() 和 Release() 成员函数来实现引用计数的增减，例如：

```
#include <atomic>

#ifndef SAFE_RELEASE
#define SAFE_RELEASE(p) { if(p) { (p)->Release(); (p)=NULL; } }
#endif

class CRefCount {
public:
    CRefCount() : m_ref_count(1) {}
    virtual ~CRefCount() {}

    void AddRef() {
        m_ref_count++;
    }

    int Release() {
        int t = --m_ref_count;
        if (t == 0) delete this;
        return t;
    }

protected:
    std::atomic<int> m_ref_count;
};
```

CRefCount 构造时将计数成员 m_ref_count 设为 1，因为当我们创建 CRefCount 的实例时立即获得了该对象的引用（指针），此时引用计数应为 1。计数成员 m_ref_count 为 std::atomic<int> 型，该类型可以确保在多线程条件下的原子操作正确，避免并发读写错误。

5.4.2 AddRef()/Release() 使用规则

AddRef()/Release() 一般遵循以下使用规则：

1）当对象的引用从一个内存位置复制到另一个内存位置的时候，应该调用 AddRef()；当一个内存位置所指向的内存引用不再使用时，应该调用 Release() 释放内存，并将该内存位置设为 null；

2）如果一个内存位置之前保存了一个非空对象 A 的引用，在向其中写入另一个非空对象 B 的引用时，应该先调用 A 对象的 Release()，以通知 A 对象不再被使用，然后再调用B对象的AddRef()；

3）多个内存位置之间的对象引用关系有特殊约定时，可以省略多余的AddRef()/Release()。

第1种情况与第2种情况相对好理解。比较复杂的是第3种情况，例如：

```
CRefCount* obj = new CRefCount();

obj->AddRef();
//do sth. with obj:
Func(obj);
obj->Release();

SAFE_RELEASE(obj);
```

围绕Func(obj)上下的AddRef()和Release()事实上是不必要的，因为obj在执行Func(obj)的过程中始终是有效的。再比如：

```
void Func(CRefCount* obj) {
    if (!obj) return;

    obj->AddRef();
    CRefCount* temp = obj;
    //do sth. with temp:
    //...
    SAFE_RELEASE(temp);
}
```

obj->AddRef()和temp->Release()也是没有必要的，因为局部变量temp的生命周期与Func()函数的生命周期一致，已被包含在obj的生命周期中。

AddRef()/Release()的使用规则可以简化为：

1）对于传入的对象，如果将其保存到其他位置，可调用AddRef()，否则可不调用；

2）对于传出的对象，无论是通过返回值传出，还是通过指针参数传出，都要调用AddRef()；

3）对于传入/传出的对象（即使用指针引用参数，在函数内部更改了引用参数的情况），先调用Release()，释放后再调用AddRef()；

4）不清楚的情况下，一律加上AddRef()/Release()。

第1~3条规则分别对应以下例子。

第1条规则对应的例子：

```
void Func(CRefCount* obj) {
    //do sth. with obj:
    //...
}
```

第 2 条规则对应的例子：

```
CRefCount* g_obj = new CRefCount();
CRefCount* GetGlobalObj() {
    g_obj->AddRef();
    return g_obj;
}
```

第 3 条规则对应的例子：

```
CRefCount* g_obj = new CRefCount();
void UpdateObj(CRefCount*& obj) {
    SAFE_RELEASE(obj);
    g_obj->AddRef();
    obj = g_obj;
}
```

5.4.3 导出 AddRef()/Release()

根据 4.3 节的介绍，如果所有的 C++ 对象都继承自同一个 CRefCount 基类，那么只需要导出 CRefCount 的 AddRef()/Release() 即可，无须单独为每个子类导出引用计数增减函数。在下面的例子中，CRefCount 是根基类，具备引用计数功能；CShape 是继承自 CRefCount 的一级子类；CTriangle 是继承自 CRefCount 的二级子类，如下：

```
//ref_count.cpp
#include <stdio.h>
#include <atomic>

#ifndef SAFE_RELEASE
#define SAFE_RELEASE(p) { if(p) { (p)->Release(); (p)=NULL; } }
#endif

class CRefCount {
public:
    CRefCount() : m_ref_count(1) {}
    virtual ~CRefCount() { printf("CRefCount:~CRefCount()\n"); }

    void AddRef() {
        m_ref_count++;
    }
```

```
    int Release() {
        int t = --m_ref_count;
        printf("refcount now:%d\n", t);
        if (t == 0) delete this;
        return t;
    }

protected:
    std::atomic<int> m_ref_count;
};

struct RefCount;

EM_PORT_API(void) CObj_AddRef(struct RefCount* obj) {
    CRefCount *ro = (CRefCount*)obj;
    ro->AddRef();
}

EM_PORT_API(int) CObj_Release(struct RefCount* obj) {
    CRefCount *ro = (CRefCount*)obj;
    if (ro) {
        return ro->Release();
    }
    else return 0;
}

//------------------------------------

class CShape : public CRefCount{
public:
    CShape() {}
    virtual ~CShape() { printf("CShape:~CShape()\n"); }

    virtual void WhatAreYou() = 0;
};

struct Shape;

EM_PORT_API(void) Shape_WhatAreYou(struct Shape* shape) {
    CShape *obj = (CShape*)shape;
    obj->WhatAreYou();
}

//------------------------------------

class CTriangle : public CShape {
public:
    CTriangle() {}
```

```
    virtual ~CTriangle() { printf("CTriangle:~CTriangle()\n"); }

    void WhatAreYou(){ printf("I'm a triangle.\n"); }
};

EM_PORT_API(struct Shape*) Shape_Create_Triangle() {
    CTriangle *obj = new CTriangle();
    return (struct Shape*)obj;
}
```

JavaScript 代码如下：

```
//ref_count.html
Module = {};
var g_t = 0;
Module.onRuntimeInitialized = function() {
    var t = Module._Shape_Create_Triangle();
    Module._Shape_WhatAreYou(t);

    Module._CObj_AddRef(t);
    g_t = t;

    Module._CObj_Release(t);
    t = 0;

    setTimeout("Module._CObj_Release(g_t);g_t = 0", 2000);
}
```

浏览页面后，控制台输出如图 5-10 所示。

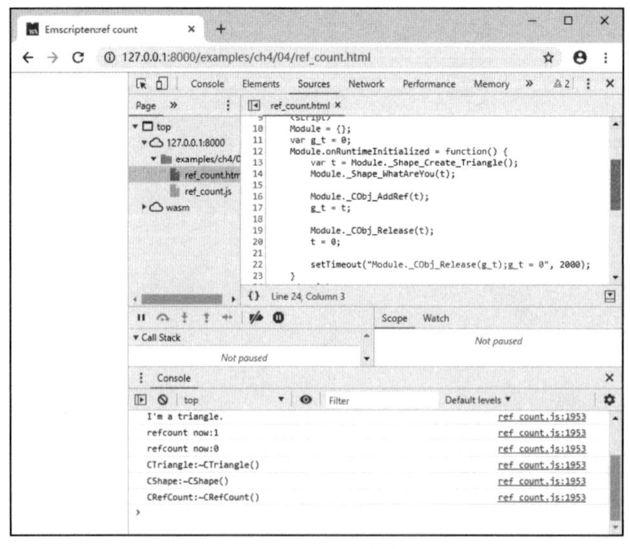

图 5-10　C++ 对象生命周期管理示例

至此，我们完成了 C++ 对象的导出及生命周期控制管理。

5.5 使用 C 接口注入 JavaScript 对象

5.3 节和 5.4 节介绍了如何将 C++ 对象导出到 JavaScript 环境，本节将介绍其逆操作，即将 JavaScript 对象注入到 C 环境。

5.5.1 创建 JavaScript 对象 /ID 表

无论从内存模型角度，还是从运行模型角度，C 原生代码都无法直接访问 JavaScript 中的对象。为此，我们需要提供一种途径，让 C 环境可以识别不同的 JavaScript 对象。最容易想到的方法，就是使用对象 /ID 表。该方法的核心步骤如下。

1）为每个将要被注入 C 环境的 JavaScript 对象分配一个不重复的整数 ID，并将对象 /ID 的关系记录在一张表中；

2）将对象的 ID 传入 C 环境，C 环境使用该整数 ID 指代实际的 JavaScript 对象；

3）C 环境中的代码通过注入函数操作某个对象时，可通过 ID 反查实际的 JavaScript 对象并进行操作。

> 提示 事实上，这种方法与 5.3 节中介绍的 C++ 对象导出方法的思路相同，区别仅在于 5.3 节中使用的是 C++ 对象的地址来指代 C++ 对象本身。

下面的 JavaScript 代码是一个简单的、使用对象 /ID 表的例子：

```
var obj_table = {};
var obj_counter = 0;

function MyObj_Create() {
    this.name = "MyObj";
    this.obj_id = obj_counter++;
    obj_table[this.obj_id] = this;
}
```

```
function MyObj_Func(obj_id) {
    if (!obj_table[obj_id]) return;
    //do sth. with obj_table[obj_id]
}
```

其中，obj_table 是对象 /ID 表；MyObj_Create() 方法创建一个新的对象时，将为该对象分配 ID，并在 obj_table 中保存对应关系；MyObj_Func() 方法通过传入的 obj_id 参数反查对应的对象，并使用它。

5.5.2 注入 JavaScript 对象的生命周期管理

在 C 环境注入 JavaScript 对象后，我们仍然需要对其进行生命周期管理。此时，5.4 节使用的 AddRef()/Release() 方法同样可行。

例如，我们定义一组 JavaScript 方法如下：

```
//imp_obj.html
var button_table = {};
var button_counter = 0;

function js_ButtonCreate() {
    var btn = document.createElement("button");
    btn.ref_count = 1;
    btn.button_id = button_counter++;
    button_table[btn.button_id] = btn;

    document.getElementById("container").appendChild(btn);
    return btn.button_id;
}

function js_ButtonAddRef(button_id) {
    if (!button_table[button_id]) return;

    button_table[button_id].ref_count++;
}

function js_ButtonRelease(button_id) {
    if (!button_table[button_id]) return -1;

    var btn = button_table[button_id];
    btn.ref_count--;
    var rc = btn.ref_count;
    if (rc == 0) {
```

```
        document.getElementById("container").removeChild(btn);
        delete button_table[button_id];
    }
    return rc;
}

function js_ButtonSetInnerHtml(button_id, name) {
    if (!button_table[button_id]) return;
    button_table[button_id].innerHTML = name;
}
```

其中，js_ButtonCreate()方法用于在DOM中创建按钮，js_ButtonAddRef()/js_ButtonRelease()方法分别用于增减按钮的引用计数，js_ButtonSetInnerHtml()方法用于设置指定按钮的内部html内容。参照5.5.1节，这4个函数围绕按钮/ID表button_table工作。

然后，我们使用3.2节的方法将这些方法注入到C环境中，C代码如下：

```
//pkg.js
mergeInto(LibraryManager.library, {
    ButtonCreate: function () {
        return js_ButtonCreate();
    },

    ButtonAddRef: function (button_id) {
        js_ButtonAddRef(button_id);
    },

    ButtonRelease: function (button_id) {
        return js_ButtonRelease(button_id);
    },

    ButtonSetInnerHtml: function(button_id, str) {
        js_ButtonSetInnerHtml(button_id, Pointer_stringify(str));
    }
})
```

C接口及导出函数如下：

```
//imp_obj.cpp
struct JS_BUTTON;
EM_PORT_API(struct JS_BUTTON*) ButtonCreate();
EM_PORT_API(void) ButtonAddRef(struct JS_BUTTON* btn);
EM_PORT_API(int) ButtonRelease(struct JS_BUTTON* btn);
EM_PORT_API(void) ButtonSetInnerHtml(struct JS_BUTTON* btn, const char* str);
```

```
//-----------------------------------

std::vector<struct JS_BUTTON*> g_buttons;

EM_PORT_API(void) PushButton() {
    JS_BUTTON* btn = ButtonCreate();
    char name[256];
    sprintf(name, "TestButton:%d", (int)btn);
    ButtonSetInnerHtml(btn, name);
    g_buttons.push_back(btn);
}

EM_PORT_API(void) PopButton() {
    if (g_buttons.size() <= 0) return;
    JS_BUTTON* btn = g_buttons.back();
    ButtonRelease(btn);
    g_buttons.pop_back();
}
```

使用下列命令编译：

```
emcc imp_obj.cpp --js-library pkg.js -o imp_obj.js
```

然后在网页中创建2个按钮，并分别在其onclick事件中调用PushButton()和PopButton()方法：

```
<button onclick = Push()>Push</button>
<button onclick = Pop()>Pop</button>
  <script>
  ......

  function Push(){
    Module._PushButton();
  }

  function Pop(){
    Module._PopButton();
  }
```

浏览页面，点击“Push/Pop”按钮，可以看到DOM中创建/删除了多个按钮，如图5-11所示。

上述程序的调用序列如图5-12所示。

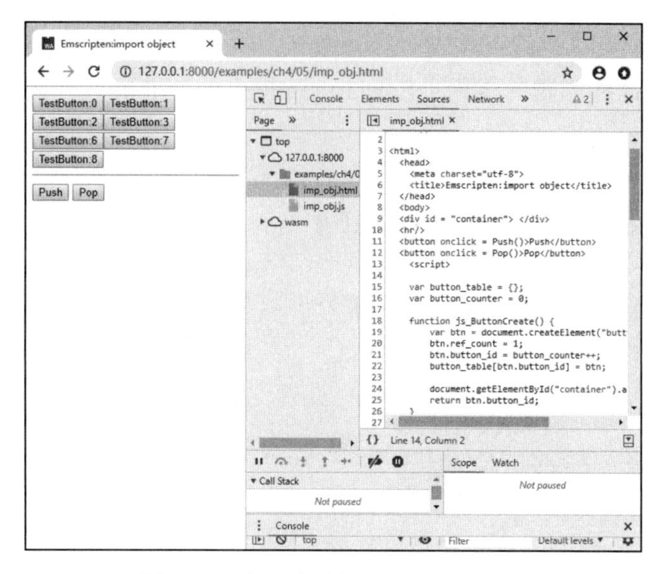

图 5-11　在 C 中访问 JavaScript 对象

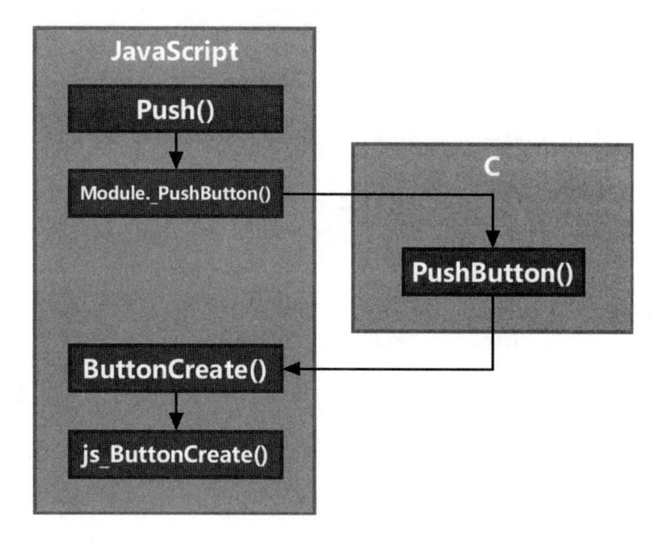

图 5-12　调用序列示例

5.6　小心 64 位整型数

在 C/C++ 程序中，64 位整型数是使用频率非常高的基础数据类型，但由于

JavaScript 语言本身的限制，在 Emscripten 工程中使用 64 位整型数会遇到一些问题。本节将介绍这些问题的成因、Emscripten 提供的变通解决办法，以及使用注意事项。

5.6.1 WebAssembly 原生支持 int64

首先，WebAssembly 原生支持 64 位整型数算术运算。下面的例子可以对此进行验证，C 代码如下：

```
//int64.cc
int main() {
    int64_t a = 9223372036854775806; //0x7FFFFFFFFFFFFFFE
    a += 1;
    printf("%lld\n", a);
}
```

浏览页面后，控制台输出如图 5-13 所示。

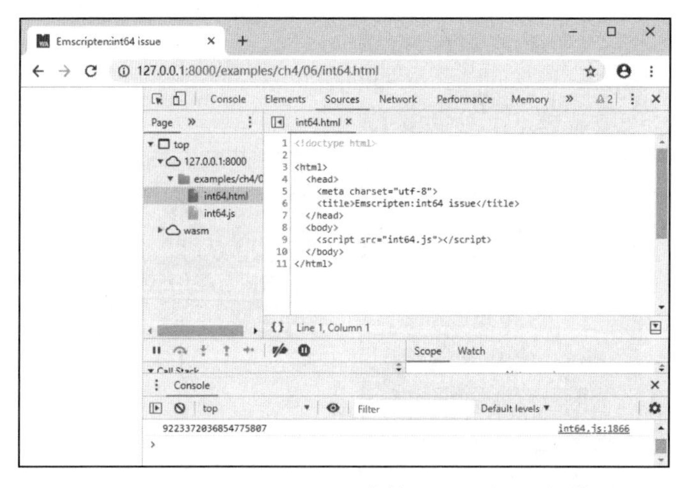

图 5-13 WebAssembly 原生支持 int64 测试运行效果

由此可见，int64 加法运算可以正常执行，printf() 亦可正常输出结果。然而，如果 C/C++ 试图与 JavaScript 交换 64 位整型数就会遇到麻烦。

5.6.2 导出函数包含 int64

JavaScript 只有一种数值类型：number——等同于 C 语言中的 double。JavaScript

本质上无法直接表达 64 位整型数，因此目前的 WebAssembly 规范中存在这样一条尴尬的限制：WebAssembly 导出函数不能使用 64 位整型数作为参数或返回值，一旦在 JavaScript 中调用参数或返回值类型为 64 位整型数的 WebAssembly 函数，将抛出 TypeError。

由于该限制的存在，Emscripten 做了如下妥协。

1）当导出函数的某个参数为 64 位整型数时，将其拆分为低 32 位、高 32 位两个参数进行传送；

2）当导出函数的返回值为 64 位整型数时，在 JavaScript 中仅能接收其低 32 位。

例如：C 函数定义为：

```
int64_t func(int64_t a, int64_t b)
```

导出至 JavaScript 后将变为：

```
int32_t func(int32_t a_lo, int32_t a_hi, int32_t b_lo, int32_t b_hi)
```

其中，a_lo/a_hi 分别为 a 的低 32 位 / 高 32 位；b_lo/b_hi 类似。

下面的例子展示了 C 函数定义变形的情况，代码如下：

```
//int64_exp.cc
EM_PORT_API(int64_t) i64_add(int64_t a, int64_t b) {
    int64_t c = a + b;
    printf("a:%lld, b:%lld:, a+b: %lld\n", a, b, c);
    return c;
}

int main() {
    printf("main():");
    printf("%lld\n", i64_add(9223372036854775806, 1));
}
```

在 JavaScript 中调用导出函数 i64_add() 时应使用如下方法：

```
//int64_exp.html
Module = {};
Module.onRuntimeInitialized = function() {
    console.log(Module._i64_add(0xFFFFFFFE,0x7FFFFFFF, 1, 0));
}
```

浏览页面后，控制台输出如图 5-14 所示。

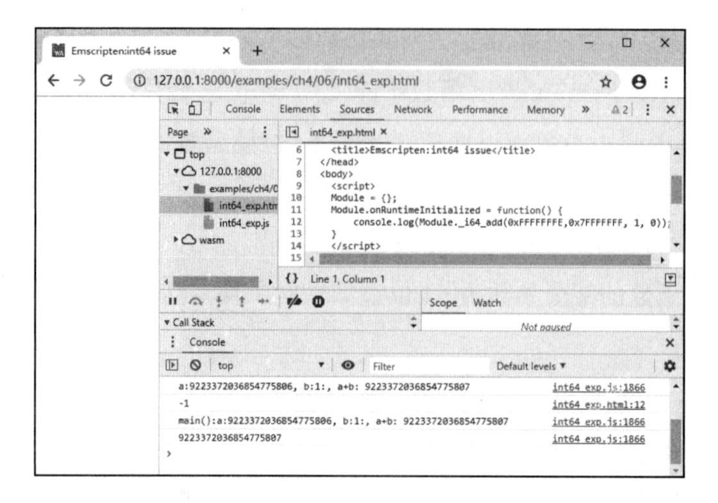

图 5-14 导出函数包含 int64 测试运行效果

注意 前两行输出对应 JavaScript 中的 console.log(Module._i64_add(0xFFFFFFFE, 0x7FFFFFFF, 1, 0))，可以看到每个 int64 切分为 2 个 int32 后传入 C 代码中执行了加法，但返回值仅保留了低 32 位（0xFFFFFFFF），值为 –1。而后两行输出对应 C 中的 printf("%lld\n", i64_add(9223372036854775806, 1))，算术运算的结果和输出都是正确的。

5.6.3 注入函数包含 int64

使用 3.2 节的方法，在 JavaScript 中实现 C 函数接口时，如果该函数接口的参数包含了 64 位整型数，也会按照同样的方式进行低 32 位 / 高 32 位的拆分。例如，C 函数 i64_func() 接口如下：

```
//int64_imp.cc
EM_PORT_API(void) i64_func(int64_t a, int64_t b);

int main() {
    i64_func(0x7FFFFFFFFFFFFFFF, 1);
}
```

注入库的 JavaScript 方法会收到 4 个参数，依次为 a_lo、a_hi、b_lo、b_hi：

```
//pkg.js
mergeInto(LibraryManager.library, {
    i64_func: function (a_lo, a_hi, b_lo, b_hi) {
        console.log('a_lo: ', a_lo, ', a_hi:', a_hi, ', b_lo:', b_lo, ',
        b_hi:', b_hi);
    }
})
```

使用下列命令编译：

```
emcc int64_imp.cc --js-library pkg.js  -o int64_imp.js
```

浏览页面后，控制台输出如图 5-15 所示。

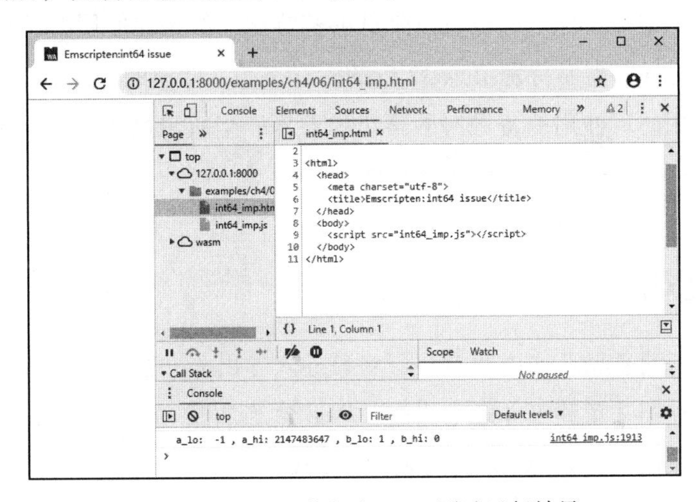

图 5-15　注入函数包含 int64 测试运行效果

5.7　文件系统的缺陷

4.3 节介绍了 Emscripten 提供的 3 种同步文件系统：MEMFS、IDBFS、NODEFS。它们各自的特性如表 5-1 所示。

表 5-1　各种虚拟文件系统特性对比

特性	MEMFS	IDBFS	NODEFS
访问本地文件系统	否	否	是
使用内存模拟	是	是	否
支持持久化存储	否	是	是

NODEFS 只能在 Node.js 中使用。在网页应用中不推荐使用 MEMFS/IDBFS 文件系统最核心的原因在于，二者都需要占用内存来模拟文件系统。内存是非常珍贵的硬件资源，iOS 设备的内存普遍不超过 4GB，用内存模拟文件系统不论从哪个角度来说，都是非常奢侈的行为。另外，虚拟文件系统的初始化所消耗的时间也是一个需要考量的因素，体积巨大的打包文件系统下载需消耗较长的时间，这对于网页应用非常不利。

并不是说，文件系统完全不能使用——使用 IDBFS 保存前端配置是可行的，某些快速原型使用虚拟文件系统也可以降低移植难度。但是在使用 Emscripten 开发网页应用模块的时候，需要特别留意 32 位的内存空间、低速的网络 I/O 操作限制，这与开发本地应用时可使用的资源有数量级的差异。当所需操作的数据量非常巨大的时候，最好采用按需加载、分级加载策略。

5.8 本章小结

本章介绍了消息循环、内存对齐、对象导入导出等一般性的工程问题，其中使用到的方法都在第 3 章和第 4 章中讲过，因此熟练掌握 C/C++ 和 JavaScript 的互操作是使用 Emscripten 开发 WebAssembly 的基础。

除了本章所介绍的方法之外，C++ 对象的导入 / 导出还可以使用 Embind()、WebIDL() 等方法。有兴趣的读者可以访问 Emscripten 官方网站自行查阅。

对于网页应用而言，Emscripten 提供的虚拟文件系统有很多使用限制。放弃文件系统后，我们只能使用网络 I/O 作为主要的数据通路。第 6 章将对此作进一步探讨。

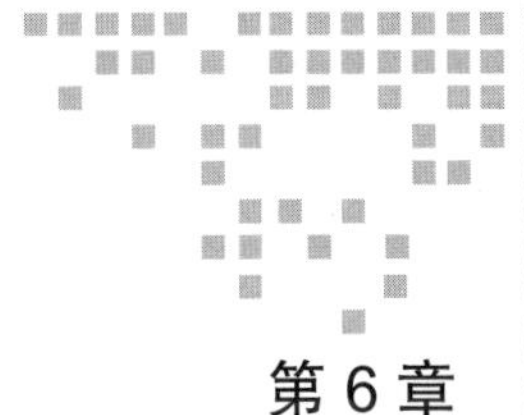

第 6 章 Chapter 6

网络 I/O

由于网页无法像本地程序那样直接访问文件系统，因此使用网络作为主要的数据通道是必然之选。与本地文件系统读写不同，在网页环境下的读写操作都是异步的，没有同步方法可用。本章将介绍部分可在网页环境中使用的网络 I/O 对象，并讲解如何对它们进行封装，以及如何在 C/C++ 代码中使用它们进行数据读写。

6.1 XMLHttpRequest

HTTP 协议是 Web 环境下最常用的传输协议，本节将介绍在 Emscripten 中如何使用 XMLHttpRequest 对象进行 HTTP 数据传输。

6.1.1 XMLHttpRequest 对象使用简介

下列 JavaScript 代码展示了如何使用 XMLHttpRequest 对象获取 HTTP 数据：

```
var request = new XMLHttpRequest();
request.open("GET", "t1.txt", true);
request.responseType = "text";
request.onreadystatechange = function(){  //传输状态变更的回调函数
    if (request.readyState == 4) {
```

```
            if (request.status == 200) {
                console.log(request.responseText);  //打印获取的数据体
            }
            else{
                console.log(request.statusText);
            }
        }
    };
    request.send();
```

上述代码创建了一个 XMLHttpRequest 对象 request，然后使用异步 GET 方法获取远端 t1.txt 的数据，通过设置的 onreadystatechange() 方法回调事件并打印获取到的字符串。

浏览页面后，控制台输出如图 6-1 所示。

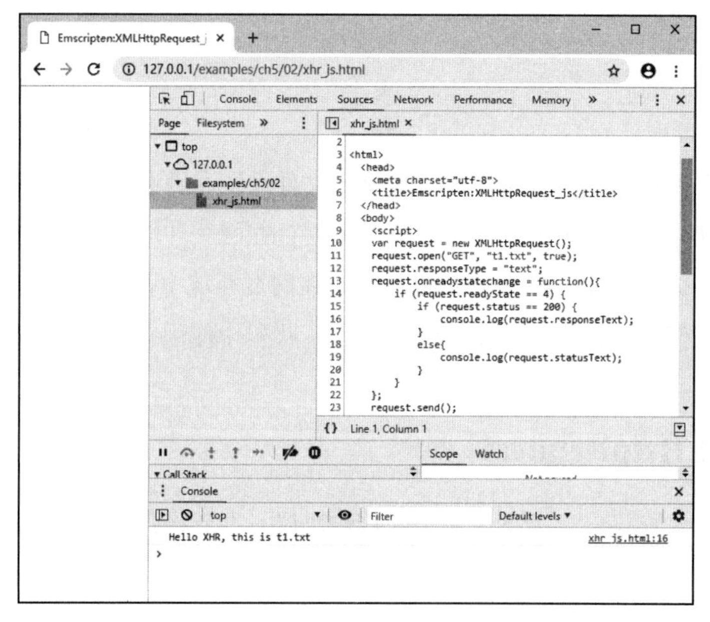

图 6-1 使用 XMLHttpRequest 获取远端数据

提示 关于 XMLHttpRequest 的更多详细资料，读者可参考 https://developer.mozilla.org/zh-CN/docs/Web/API/XMLHttpRequest。

6.1.2 XMLHttpRequest对象的C接口封装

为了避免UI挂起，通常情况下我们使用异步模式发起HTTP请求，因此XMLHttpRequest对象的C封装接口分为两个部分：

1）由JavaScript实现，供C调用，包括创建XMLHttpRequest对象、发起HTTP请求等主动行为；

2）由C实现，供JavaScript调用，包括各种事件的回调。

来看C部分的代码：

```
//xhr_wrap1.cpp
//由JavaScript实现，供C调用：
EM_PORT_API(void) XHRGet(const char* url);

//由C实现，供JavaScript调用：
EM_PORT_API(void) XHROnMessage(const char* url, const char* data){
    printf("http request succeeded. URL: %s  contex: %s\n", url, data);
}

EM_PORT_API(void) XHROnError(const char* url, const int error_code){
    printf("http request failed. URL: %s  error code:%d\n", url, error_code);
}

int main(){
    XHRGet("t1.txt");
    XHRGet("t2.txt");
    XHRGet("t3.txt");
}
```

XHRGet()是在JavaScript中实现的，导入库部分代码如下：

```
//pkg1.js
mergeInto(LibraryManager.library, {
    XHRGet: function (url) {
        return JS_XHRGet(Pointer_stringify(url));
    },
})
```

XHRGet()调用了JS_XHRGet()方法，其位于xhr_wrap1.html中：

```
//xhr_wrap1.html
function JS_XHRGet(url) {
    var request = new XMLHttpRequest();
    request.open("GET", url, true);
    request.responseType = "text";
    request.url = url;
    request.onreadystatechange = function(){
        if (request.readyState == 4) {
```

```
                if (request.status == 200) {
                    Module.ccall('XHROnMessage', 'null',
                        ['string', 'string'], [request.url, request.responseText]);
                }
                else{
                    Module.ccall('XHROnError', 'null',
                        ['string', 'number'], [request.url, request.status]);
                }
            }
        };
        request.send();
    }
```

使用以下命令编译：

```
emcc  xhr_wrap1.cpp --js-library pkg1.js -s "EXTRA_EXPORTED_RUNTIME_
METHODS=['ccall']" -o xhr_wrap1.js
```

浏览器打开页面后，控制台输出如图 6-2 所示。

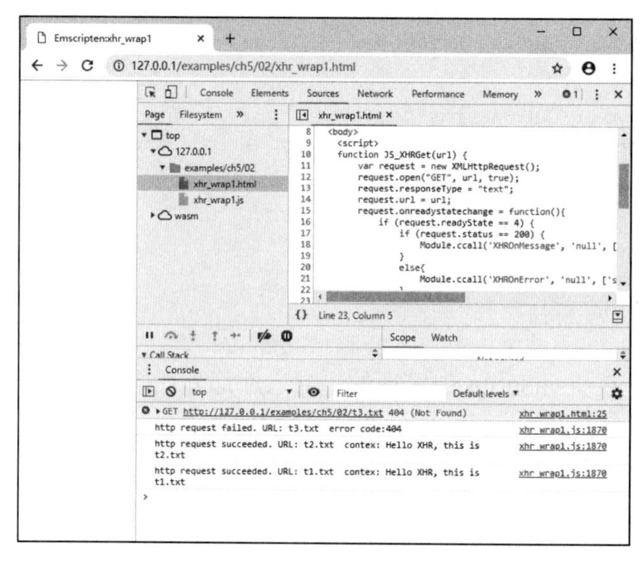

图 6-2 在 C 代码中使用 XMLHttpRequest 获取远端数据

可以看到，程序正确地处理了返回值，由于使用了异步 HTTP 请求，返回的顺序与请求的顺序并不一致。

6.1.3 扩展回调处理

有时候，我们在 C++ 中有多个对象都需要发起 HTTP 请求，而每个对象处理

HTTP返回的方式各不相同，此时6.1.2节中的封装方法将无法满足需要。因此，我们需要参考5.3节的方法对封装进行改进，C代码如下：

```
//xhr_wrap2.cpp
struct XHR_CB;

//imp by JavaScript, call by C:
EM_PORT_API(void) XHRGet(const char* url, XHR_CB* cb);

//XHR callback interface:
class CXHRCallbackInterface{
public:
    CXHRCallbackInterface(){}
    virtual ~CXHRCallbackInterface(){}

    virtual void OnMessage(const char* url, const char* data) = 0;
    virtual void OnError(const char* url, const int code) = 0;
};

//XHR callback1:
class CXHRCallback1 : public CXHRCallbackInterface{
public:
    CXHRCallback1(){}
    virtual ~CXHRCallback1(){}

    void OnMessage(const char* url, const char* data) {
        printf("CXHRCallback1::OnMessage(); URL: %s  contex: %s\n", url,
            data);
    }
    void OnError(const char* url, const int code) {
        printf("CXHRCallback1::OnError(); URL: %s  error code:%d\n", url,
            code);
    }
};

//XHR callback2:
class CXHRCallback2 : public CXHRCallbackInterface{
public:
    CXHRCallback2(){}
    virtual ~CXHRCallback2(){}

    void OnMessage(const char* url, const char* data) {
        printf("CXHRCallback2::OnMessage(); URL: %s  contex: %s\n", url, data);
    }
    void OnError(const char* url, const int code) {
        printf("CXHRCallback2::OnError(); URL: %s  error code:%d\n", url, code);
    }
};
```

```
//imp by C, call by JavaScript:
EM_PORT_API(void) XHROnMessage(const char* url, const char* data, XHR_CB* cb){
    CXHRCallbackInterface* ci = (CXHRCallbackInterface*)cb;
    ci->OnMessage(url, data);
}

EM_PORT_API(void) XHROnError(const char* url, const int code, XHR_CB* cb){
    CXHRCallbackInterface* ci = (CXHRCallbackInterface*)cb;
    ci->OnError(url, code);
}

CXHRCallback1 cb1;
CXHRCallback2 cb2;

int main(){
    XHRGet("t1.txt", (XHR_CB*)&cb1);
    XHRGet("t2.txt", (XHR_CB*)&cb2);
    XHRGet("t3.txt", (XHR_CB*)&cb2);
}
```

JavaScript 导入库代码如下：

```
//xhr_wrap2.pkg
mergeInto(LibraryManager.library, {
    XHRGet: function (url, cb) {
        return JS_XHRGet(Pointer_stringify(url), cb);
    },
})
//xhr_wrap2.html
    function JS_XHRGet(url, cb) {
        var request = new XMLHttpRequest();
        request.open("GET", url, true);
        request.responseType = "text";
        request.url = url;
        request.wrap_cb = cb;
        request.onreadystatechange = function(){
            if (request.readyState == 4) {
                if (request.status == 200) {
                    Module.ccall('XHROnMessage', 'null',
                        ['string', 'string', 'number'],
                        [request.url, request.responseText, request.wrap_cb]);
                }
                else{
                    Module.ccall('XHROnError', 'null',
                        ['string', 'number', 'number'],
                        [request.url, request.status, request.wrap_cb]);
                }
            }
        };
```

```
        request.send();
}
```

以上代码的核心思想在于：我们为每个 XHRGet() 请求绑定了一个回调处理对象 cb，当 HTTP 请求完成时，将调用绑定的 cb 对象来处理事件。

使用以下命令编译：

```
emcc  xhr_wrap2.cpp --js-library pkg2.js -s "EXTRA_EXPORTED_RUNTIME_
METHODS=['ccall']" -o xhr_wrap2.js
```

浏览页面后，控制台输出如图 6-3 所示。

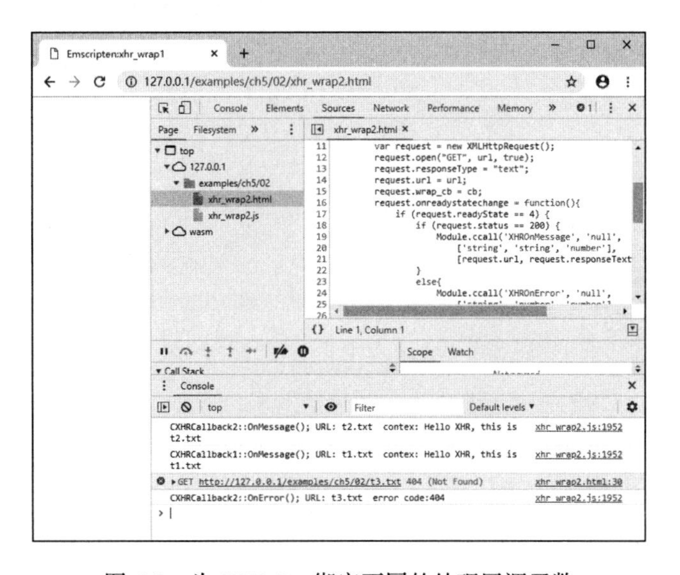

图 6-3　为 XHRGet 绑定不同的处理回调函数

6.2　WebSocket

WebSocket 协议在 2011 年已成为国际标准，目前主流浏览器均支持该协议。与 HTTP 协议相比，WebSocket 协议有如下特点。

1）WebSocket 是长连接协议，一次握手连接成功后，可以多次发送数据；

2）不同于 HTTP 协议只能由客户端发起单向请求，WebSocket 是双向协议，即建立连接后，客户端和服务器都可以主动向对方发送数据；

3）WebSocket 既可以发送文本数据，又可以发送二进制数据；

4）WebSocket没有同源限制。

非加密的WebSocket协议以ws为协议标识符，使用TCP协议封装；加密的WebSocket协议以wss为协议标识符，使用TLS协议封装。

本节将介绍在Emscripten中使用WebSocket协议的方法。

6.2.1 创建WebSocket测试服务

为了方便测试，我们先创建一个简单的WebSocket echo服务。笔者在此选择使用Go语言来创建该服务，代码如下：

```
//ws_echo.go
package main

import (
    "fmt"
    "log"
    "net/http"
    "os"
    "os/signal"
    "syscall"

    "golang.org/x/net/websocket"
)

func main() {
    log.Println("ws_echo start...")

    wsPort := 40001
    go func() {
        log.Println(fmt.Sprint("WebSocket:", wsPort, " Listening ..."))
        http.Handle("/ws_echo", websocket.Handler(webSocketHandler))
        err := http.ListenAndServe(fmt.Sprint(":", wsPort), nil)
        if err != nil {
            panic("ListenAndServe: " + err.Error())
        }
    }()

    httpPort := 80
    go func() {
        log.Println(fmt.Sprint("http:", httpPort, " Listening ..."))
        err := http.ListenAndServe(fmt.Sprint(":", httpPort),
            http.FileServer(http.Dir("./")))
        if err != nil {
            panic("ListenAndServe: " + err.Error())
```

```
        }
    }()

    ch := make(chan os.Signal, 1)
    signal.Notify(ch, syscall.SIGINT, syscall.SIGTERM)
    log.Printf("ws_echo quit (%v)\n", <-ch)
}

func webSocketHandler(ws *websocket.Conn) {
    ws.PayloadType = websocket.TextFrame
    defer ws.Close()

    rtemp := make([]byte, 32768)
    for {
        n, err := ws.Read(rtemp)
        if err != nil {
            log.Println("Error:Read:", err)
            return
        }

        n, err = ws.Write(rtemp[:n])
    }
}
```

上述代码在80端口启动了当前文件夹的静态页面服务，用以发布测试用的html文件，并在40001端口的/ws_echo路径启动了WebSocket echo服务，该服务建立WebSocket连接后，会将客户端发来的数据原样发回去。安装Go语言环境后，使用下列命令启动程序：

```
go run ws_echo.go
```

6.2.2 在JavaScript中使用WebSocket

在JavaScript中，WebSocket()构造函数用于创建WebSocket对象，ws.send()方法用于发送数据，ws.onmessage()属性用于指定处理接收到的数据的回调函数，例如：

```
//websocket_js.html
var ws = new WebSocket("ws://localhost:40001/ws_echo");
ws.onopen = function(e) {
  console.log("ws.onopen");
  ws.send("Hello world!");
}

ws.onmessage = function(e) {
  console.log("ws.onmessage: " + e.data);
```

```
            ws.close();
        }

    ws.onclose = function(e) {
      console.log("ws.onclose");
    }

    ws.onerror = function(e) {
      console.log("ws.onerror");
    }
```

上述代码创建了与 ws://localhost:40001/ws_echo 的 WebSocket 协议的连接，并在连接成功后发送了“ Hello world!”。WebSocket echo 服务将收到的数据发回后，由 ws.onmessage() 收到的数据通过日志打印，如图 6-4 所示。

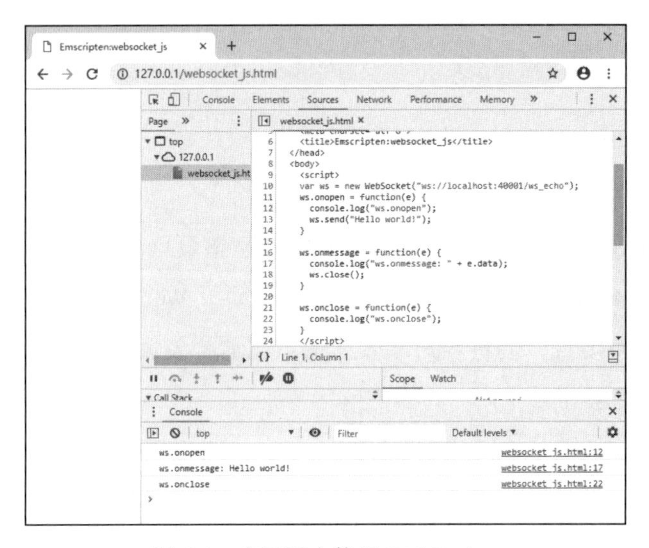

图 6-4 在网页中使用 WebSocket

6.2.3 WebSocket 对象的 C 接口封装

与 6.1 节介绍的 XMLHttpRequest 封装方法类似，WebSocket 对象的 C 接口封装分为两个部分。

1）由 JavaScript 实现，供 C 调用，包括创建 WebSocket 对象、发送数据等主动行为；

2）由 C 实现，供 JavaScript 调用，包括各种事件的回调。

来看C部分的代码：

```
//ws_wrap.cpp

struct WS_WRAPPER;
struct WS_CB;

//imp by JavaScript, call by C:
EM_PORT_API(struct WS_WRAPPER*) WSNew(const char *url, struct WS_CB *cb);
EM_PORT_API(int) WSSend(struct WS_WRAPPER *ws, const char *data);
EM_PORT_API(void) WSDelete(struct WS_WRAPPER *ws);

//WebSocket callback:
class CWSCallback{
public:
    CWSCallback(const char *url){
        m_ws = WSNew(url, (struct WS_CB*)this);
    }
    virtual ~CWSCallback(){}

    void OnOpen(){
        printf("OnOpen\n");
        WSSend(m_ws, "I love wasm!");
    }

    void OnClose(){
        printf("OnClose\n");
    }

    void OnMessage(const char* data){
        printf("OnMessage: %s\n", data);
        WSDelete(m_ws);
        m_ws = NULL;
    }

    void OnError(){
        printf("OnError\n");
    }

    struct WS_WRAPPER *m_ws;
};

//imp by C, call by JavaScript:
EM_PORT_API(void) WSOnOpen(struct WS_CB *cb){
    if (cb == NULL) return;
    CWSCallback *pc = (CWSCallback*)cb;
    pc->OnOpen();
}
```

```
EM_PORT_API(void) WSOnClose(struct WS_CB *cb){
    if (cb == NULL) return;
    CWSCallback *pc = (CWSCallback*)cb;
    pc->OnClose();
}

EM_PORT_API(void) WSOnMessage(struct WS_CB *cb, const char* data){
    if (cb == NULL) return;
    CWSCallback *pc = (CWSCallback*)cb;
    pc->OnMessage(data);
}

EM_PORT_API(void) WSOnError(struct WS_CB *cb){
    if (cb == NULL) return;
    CWSCallback *pc = (CWSCallback*)cb;
    pc->OnError();
}

CWSCallback wscb("ws://localhost:40001/ws_echo");
```

与 6.1 节介绍的 XMLHttpRequest 封装方法类似，创建 WebSocket 连接时，我们为它绑定了一个回调对象 cb，用以处理该连接的各种回调事件。这样，当程序同时启动多个 WebSocket 连接时，我们可以为每个 WebSocket 连接分配不同的的回调处理对象。

导入库部分代码如下：

```
//pkg.js
mergeInto(LibraryManager.library, {
    WSNew: function (url, cb) {
        return JS_WSNew(Pointer_stringify(url), cb);
    },

    WSSend: function (ws, data) {
        return JS_WSSend(ws, Pointer_stringify(data));
    },

    WSDelete: function (ws) {
        return JS_WSDelete(ws);
    }
})
```

导入库调用的 JavaScript 方法如下：

```
//ws_wrap.html
var g_NextWSID = 1;
var g_WSTable = [];
function JS_WSNew(url, cb) {
```

```
    var ws = new WebSocket(url);
    ws.onopen = function (e) { Module._WSOnOpen(cb); };
    ws.onclose = function (e) { Module._WSOnClose(cb); };
    ws.onmessage = function (e) {
        Module.ccall('WSOnMessage', 'null', ['number', 'string'], [cb, e.data]);
    };
    ws.onerror = function (e) { Module._WSOnError(cb); };

    var wsid = g_NextWSID++;
    g_WSTable[wsid] = ws;
    return wsid;
}

function JS_WSSend(ws, data) {
    var ws = g_WSTable[ws];
    ws.send(data);
}

function JS_WSDelete(ws) {
    var ws = g_WSTable[ws];
    ws.close();
}
```

整套程序应用了导出 C++ 对象、JavaScript 对象注入 C 环境、ccall() 等技术。

使用下列命令编译：

```
emcc  ws_wrap.cpp --js-library pkg.js -s "EXTRA_EXPORTED_RUNTIME_
  METHODS=['ccall']" -o ws_wrap.js
```

启动 WebSocket echo 服务，浏览页面，控制台输出如图 6-5 所示。

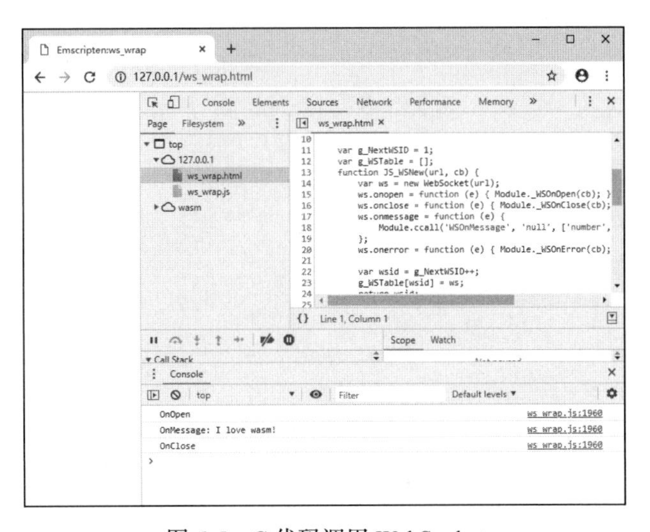

图 6-5　C 代码调用 WebSocket

出于简化代码的考虑，本节给出的例子未介绍反复调用 WSNew() 导致 g_NextWSID 溢出等情况，这是因为 I/O 操作往往与程序逻辑强相关，实际项目中需要考虑的问题多种多样，在此无法尽述。

6.3 本章小结

本章给出了在 C/C++ 代码中通过 JavaScript 宿主对象，使用 HTTP 和 WebSocket 协议实现网络 I/O 的方法。这些方法不仅可以用来读写网络数据，稍加改造后也可以用来访问浏览器提供的音视频接口等其他类型的 I/O 设备。

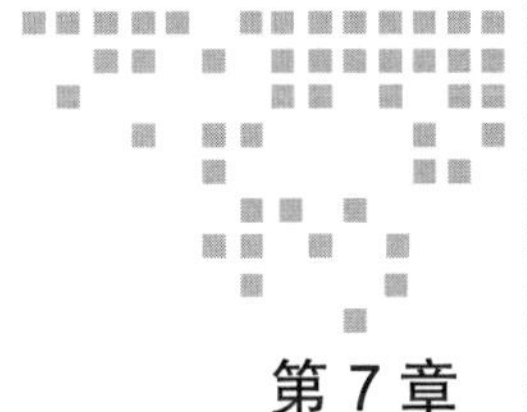

第 7 章 Chapter 7

并发执行

在如今这个多核处理器成为标配的时代，并发执行技术得到了广泛的应用。对于 C/C++ 在内的很多语言来说，生成本地代码时，并发执行往往意味着多线程，而当以 WebAssembly 作为编译目标时，情况有所不同。在过去很长的一段时间内，由于运行机制的限制，JavaScript 无法执行真正的并发操作。随着 Worker 新特性的引入，JavaScript 终于具备了真正的并行能力。本章将介绍笔者在 Emscripten 环境下开发并行程序的一些粗浅经验。

7.1 JavaScript 中的并发模型

使用 C 语言开发过本地多线程程序的开发者想必对进程、线程的关系并不陌生，其中最重要的知识点莫过于：进程内的所有线程共享相同的内存。

大部分多线程的 C 程序工作于共享内存的模式下，线程之间可以无障碍地通过内存交换数据。但与此同时，对竞争性资源的管理成为多线程编程中最常遇到的问题。

与此形成鲜明对比的是，在 JavaScript 中虽然能通过 Worker 对象启动多个线程并发执行，但是 Worker 与 Worker 之间、Worker 与主线程之间不能共享内存，从这个角度来看，Worker 的行为更接近进程而非线程。

C 语言开发者或许不太习惯“不依赖共享内存的并发模型”，然而这类模型并不鲜见，比如 Go 语言所采用的 CSP 模型。类似地，JavaScript 中父子 Worker 之间可以通过互相发送消息进行任务的分发和并发执行。

本节将通过实例介绍 JavaScript 中的并发模型。

在 JavaScript 中，创建一个 Worker 需要指定该 Worker 对应的 JavaScript 脚本文件的 URL 地址，例如：

```
//test_worker.html
var worker = new Worker("worker.js");
worker.onmessage = function(e) {
  console.log(e.data);
}
worker.postMessage("Who are you?");
worker.postMessage("Show me the answer.");
worker.postMessage("Who's the best programmer in the world?");
```

上述代码中，new Worker(worker.js) 创建了一个 Worker 对象，并指定该 Worker 使用 worker.js。worker.onmessage 回调函数用于处理 Worker 发送过来的消息。worker.postMessage() 用于向 worker 发送消息。

Worker 部分的代码如下：

```
//worker.js
onmessage = function(e){
  if (e.data == "Who are you?") {
    postMessage("I'm a worker.");
  }
  else if (e.data == "Show me the answer.") {
    postMessage(42);
  }
  else {
    postMessage("Sorry, I don't know...")
  }
}
```

在 Worker 中，onmessage() 回调函数用于处理父线程发送过来的消息，postMessage() 用于向父线程发送消息。本例根据来自父线程的不同消息，做出了不同的回应。浏览页面，控制台输出如图 7-1 所示。

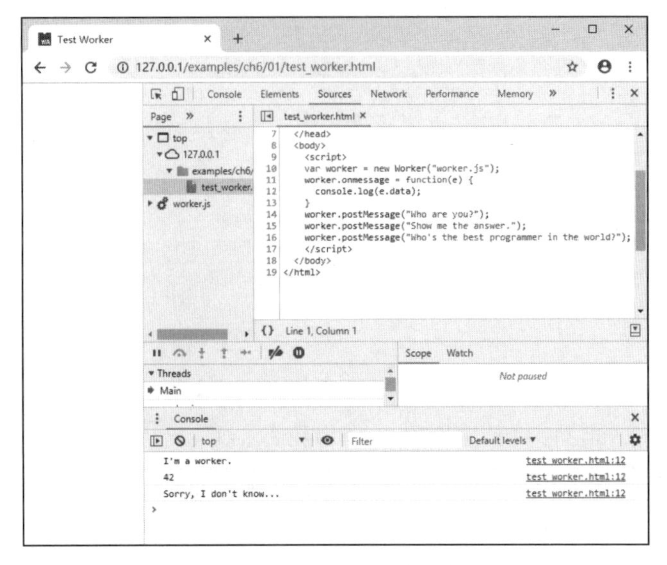

图 7-1　Worker 通信示例

7.2　在 Worker 中使用 Emscripten

本节将展示一个使用 Emscripten 及 Worker 并发执行的例子。

先来看 C 部分，下列代码导出了计算圆周率的函数 Pi()：

```
//pi.cc
double Random()
{
    static int seed = 1;
    static int const a = 16807, m = 2147483647, q = 127773, r = 2836;

    seed = a * (seed % q) - r * (seed / q);
    if (seed < 0) seed += m;
    return (double)seed / (double)m;
}

EM_PORT_API(double) Pi(int trials)
{
    double sum = 0.0;
    for (int j = 0; j < 100; j++)
    {
        int hits = 0;
        for (int i = 0; i < trials; i++)
```

```
        {
            double x = Random();
            double y = Random();
            if (x * x + y * y < 1.0)
                hits++;
        }
        sum += 4.0 * hits / trials;
        printf("Worker: Pi() round %d.\n", j + 1);
    }
    return sum / 100.0f;
}
```

Pi() 函数使用概率法计算圆周率，函数的输入参数为每轮抛骰子的次数，函数内部重复 100 轮，每轮计算结束时都将输出轮数信息。

在编译之前，我们额外准备一个 pre.js 文件（该文件将被插入到 emcc 生成的 .js 文件之前），代码如下：

```
//pre.js
Module = {};
Module.onRuntimeInitialized = function() {
  postMessage("Worker Ready.");
}

onmessage = function(e){
  console.log("Worker: message from mainThread:" + e.data);
  console.log("Worker: mission start.");
  var p = Module._Pi(e.data);
  postMessage(p);
  console.log("Worker: mission finished.");
}
```

pre.js 中定义了 onmessage() 回调函数，用于处理来自主线程的消息。在本例中，onmessage() 函数将根据主线程传来的参数计算圆周率，并将计算结果通过 postMessage() 方法发送回主线程。另外，即使在 Worker 中，Module 的编译和初始化仍然是异步的。Worker 加载完 pre.js 文件并不意味着 Module 运行时可用，仍然需要采取某种通知机制，确保 Worker 在开始调用 Module 前 Module 已经初始化完成。在本例中，我们仍然采用的是设置 Module.onRuntimeInitialized() 回调方法来通知主线程 Module 准备完毕的消息。

使用以下命令编译：

```
emcc pi.cc --pre-js pre.js -o pi.js
```

主线程（即网页部分）的代码如下：

```
//pi.html
var worker = new Worker("pi.js");
worker.onmessage = function(e) {
  console.log("mainThread: message from Worker:" + e.data);
  if (e.data == "Worker Ready."){
    worker.postMessage(20000000);
  }
}
setInterval(function(){console.log("mainThread: timer()");}, 1000);
```

这部分很简单，当收到 Worker Ready. 消息确认 Worker 中的 Module 准备完毕后，发送任务参数 2000000 给 Worker 计算圆周率。

浏览页面后，控制台输出如图 7-2 所示。

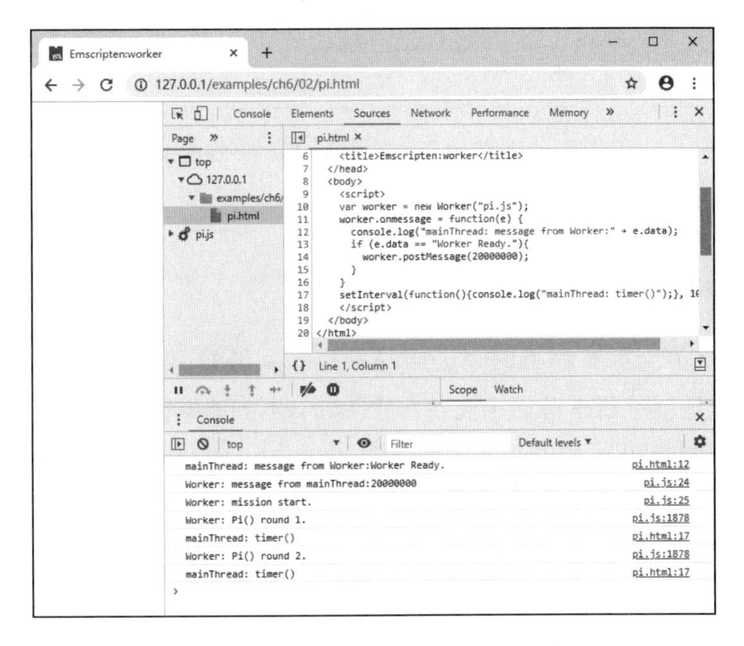

图 7-2　启动 Worker 开始计算圆周率

若此时打开 CPU 资源监视器，可以看到，由于 Worker 中执行的运算，CPU 核心处于满负荷状态，但主线程并未阻塞，仍然在定时输出 timer 日志。1 ~ 2 分钟后，Worker 执行完成，将传回圆周率结果，如图 7-3 所示。

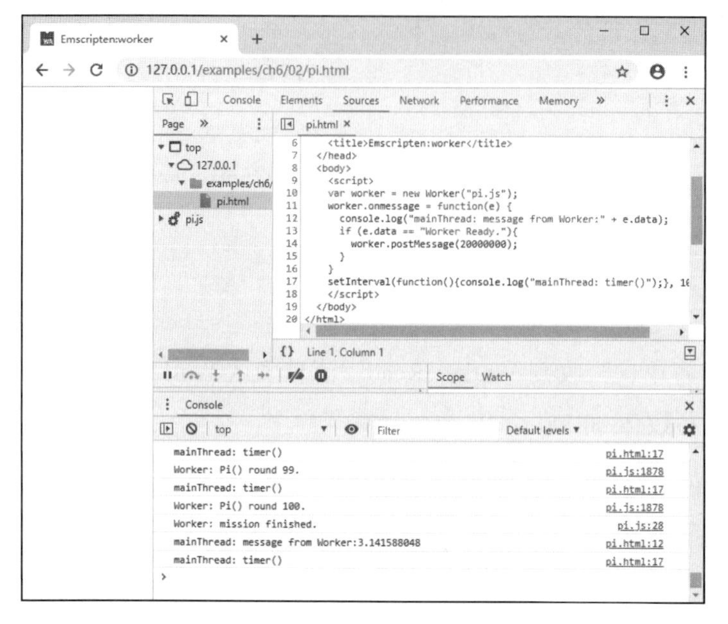

图 7-3　Worker 计算完圆周率后向主线程发送结果

7.3　pthread 线程

7.1 节介绍了浏览器环境的多进程并发模式。虽然 Worker 底层是基于系统线程实现的，但是浏览器刚开始不支持多个 Worker 之间共享地址空间，这导致多个 Worker 更像是多进程并发模式。随着 SharedArrayBuffer 的出现，多个 Worker 之间就可以通过跨线程共享内存来传递数据，同时基于 SharedArrayBuffer 的原子操作特性，可以实现共享内存模式的并发编程，这也是 pthread 的编程模型。

7.3.1　原子操作

pthread 多线程之间依赖于共享内存特性，因此在 WebAssembly 环境也要打开共享内存。当多个线程同时读写同一个内存区间时，就要涉及原子操作的问题。因此，WebAssembly 针对多线程并发编程模型相关的提案增加了共享内存的原子操作特性。

以下是基于原子操作在 WebAssembly 汇编语言层面实现尝试锁函数

tryLockMutex()：

```
(func $tryLockMutex (export "tryLockMutex")
    (param $mutexAddr i32) (result i32)

    (i32.atomic.rmw.cmpxchg
        (local.get $mutexAddr)
        (i32.const 0)
        (i32.const 1)
    )
    (i32.eqz)
)
```

其中，$mutexAddr 是一个内存地址，i32.atomic.rmw.cmpxchg() 函数用于对内存地址的值进行比较修改，即如果 $mutexAddr 内存地址的值为 0，就将其改为 1（0 到 1 的变化表示从无锁到锁定状态），这个原子操作不会被其他线程打断。i32.eqz 根据 i32.atomic.rmw.cmpxchg() 函数返回值的状态判断加锁是否成功，并返回结果。

基于 tryLockMutex() 尝试锁函数，可以再次包装出阻塞锁函数 lockMutex()：

```
(func (export "lockMutex")
    (param $mutexAddr i32)

    (block $done (loop $retry
        (call $tryLockMutex (local.get $mutexAddr))
        (br_if $done)

        (memory.atomic.wait32
            (local.get $mutexAddr)
            (i32.const 1)
            (i64.const -1)
        )
        (drop)

        (br $retry)
    )
)
```

上述代码首先在循环中调用 tryLockMutex() 函数进行尝试加锁，如果加锁失败，通过 memory.atomic.wait32 指令阻塞等待（$mutexAddrr 对应的内存地址值为 1 时会阻塞等待）。当锁定状态变为 0 时（表示其他线程已经解锁），进行下一次循环尝试加锁。

然后是解锁函数 unlockMutex，代码如下：

```
(func (export "unlockMutex")
```

```
        (param $mutexAddr i32)

        (i32.atomic.store
            (local.get $mutexAddr)
            (i32.const 0)
        )

        (drop
            (memory.atomic.notify
                (local.get $mutexAddr)
                (i32.const 1)
            )
        )
    )
```

上述代码中，首先通过 i32.atomic.store 指令将 $mutexAddr 指针指向的内存值设置为 0，然后通过 memory.atomic.notify 指令通知其他等待线程。

有了 tryLockMutex()、lockMutex() 和 unlockMutex() 三个函数，再结合 SharedArrayBuffer 共享内存特性，就可以实现线程之间的通信，这些基础功能是 pthread 线程模型的基石。

7.3.2 pthread 示例

pthread 提供了很多函数，其中比较重要的是创建线程和等待其他线程完成的函数：

```
#include <pthread.h>

int pthread_create(
    pthread_t *thread, const pthread_attr_t *attr,
    void *(*start_routine) (void *), void *arg
);

int pthread_join(pthread_t thread, void **retval);
```

其中，pthread_create 表示创建一个线程；thread 表示创建后的线程对象（创建线程时可以通过一个可选的 attr 参数精细控制线程的行为）；start_routine 是线程要启动的主体函数指针，线程主体函数有一个泛型指针参数，参数由 arg 传入；pthread_join() 则是等待 thread 表示的线程；retval 是 start_routine 线程函数的返回值。

基于创建线程和等待其他线程完成的函数，我们可以构造一个简单的两个线程并发的例子：

```
#include <stdio.h>
#include <pthread.h>

int fib(int n) {
    return (n>1)? fib(n-1)+fib(n-2): 1;
}
void *fib_worker(void *arg) {
    int n = *((int*)arg);
    *((int*)arg) = fib(n);
    return arg;
}

int main() {
    int fib42 = 42;
    pthread_t bg_thread;

    if (pthread_create(&bg_thread, NULL, fib_worker, &fib42)) {
        printf("pthread_create failed\n");
        return 1;
    }

    int fib47 = fib(47);
    if (pthread_join(bg_thread, NULL)) {
        printf("pthread_join failed\n");
        return 2;
    }

    printf("Fib(42) = %d\n", fib42);
    printf("Fib(47) = %d\n", fib47);

    return 0;
}
```

其中，fib() 用于计算斐波那契数列某个元素的值；fib_worker() 是对应 fib() 函数的线程主体函数，内部从 void* 泛型指针参数中解析出 fib() 函数需要的参数，然后复用参数的空间作为返回值返回。

在 main() 函数中，首先通过 pthread_create() 创建一个后台线程：线程主体函数是 fib_worker()，线程主体函数的参数 &fib42 表示计算第 42 个元素。接下来，主线程直接计算了 fib(47) 的值（未使用后台线程）。最后，通过 pthread_join() 等待后台线程完成工作后，输出两个线程的结果。

可以通过以下命令在本地环境运行程序：

```
$ gcc -o a.out main.cc
$ ./a.out
```

```
Fib(42) = 433494437
Fib(47) = 512559680
```

7.3.3 在浏览器环境运行 pthread 示例

目前，pthread 还不是 WebAssembly 的标准特性。要在 Chrome 浏览器运行上述例子，需要打开多线程的功能：在 chrome://flags 页面找到实验性 WebAssembly 线程设置，打开该功能，如图 7-4 所示。

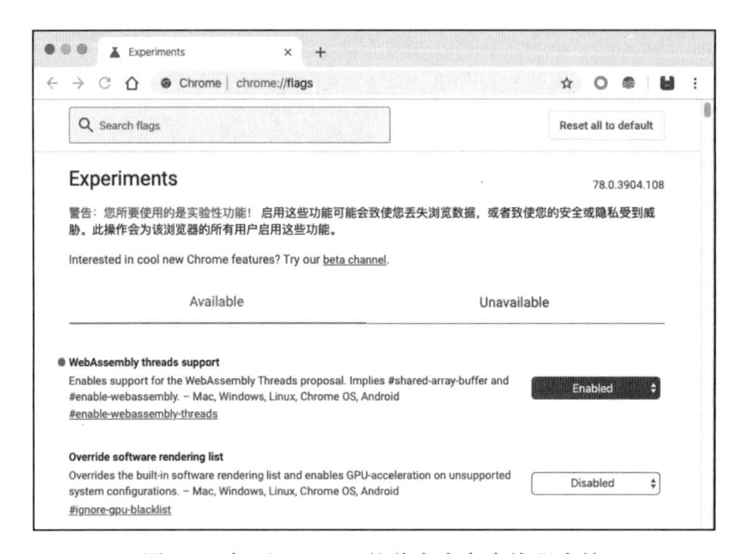

图 7-4 打开 Chrome 的共享内存多线程支持

通过 emcc 命令编译 pthread 例子：

```
$ emcc -s USE_PTHREADS=1 -s PTHREAD_POOL_SIZE=2 -o a.out.js main.cc
```

其中，-s USE_PTHREADS=1 表示打开 pthread 特性，-s PTHREAD_POOL_SIZE=2 表示线程池包含两个线程。该命令会生成 a.out.js、a.out.wasm 和 pthread-main.js 三个文件，其中 a.out.js 文件包含主程序，pthread-main.js 文件包含 Worker 脚本。

创建 index.html 文件：

```
<!DOCTYPE html>
<html>
    <title>Threads test</title>
    <body>
```

```
        <script src="a.out.js"></script>
    </body>
</html>
```

页面包含了 a.out.js 脚本，该脚本用于创建并启动读写的 Worker 线程。在本地启动一个 Web 服务，并在 Chrome 浏览器打开该页面，就可以在命令行调试窗口看到两个线程的输出结果了。

7.4　本章小结

本章介绍了基于消息和基于共享内存两种不同的并发编程的方法。其中，基于共享内存的模式是广大 C/C++ 程序员熟悉的方式，但是目前 SharedArrayBuffer 特性尚未获得广泛支持，而且共享内存并发编程有诸多难点需要克服。基于消息的并发模型虽然在数据交换效率上有一定劣势，但是不存在资源并发读写问题，程序逻辑相对简单。读者可以根据自身业务特点，选择合适的并发编程模型。

下一章将讨论 GUI 及交互相关的内容。

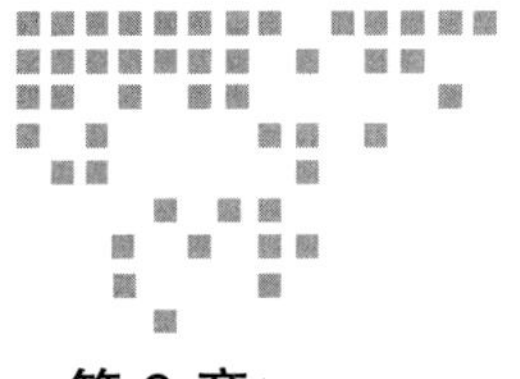

Chapter 8 第8章

GUI 及交互

浏览器作为互联网的入口，提供了非常丰富的图形和交互功能，现在的前端界面框架丝毫不逊于 QT、MFC 等传统的 C++ 库，而且在开发便利性方面有过之而无不及。熟悉 JavaScript 和 C/C++ 互操作后，我们可以方便地创建带有图形界面的 Emscripten 模块。本章将讨论 GUI 及交互相关的内容：Canvas、鼠标事件、键盘事件，并以一个 Life 小游戏结束本章内容。

8.1 Canvas

Canvas 对象与 Windows 系统中的 dc 对象很相似，它是屏幕上的一块矩形区域，支持划线、填充、字符输出等一系列操作。最重要的是，它可以直接读写区域中任意像素的 RGBA 值，这使得我们可以在 Canvas 上绘制任意图像。

本节例程将创建包含一个 Canvas 的页面，并在页面上绘制大小不断变化的红色圆。其中：

- C 代码负责图像数据的管理以及圆的绘制；
- JavaScript 代码负责将图像数据更新到 Canvas 及动画调度。

C 代码如下：

```
//canvas.html
uint8_t *img_buf = NULL;
int img_width = 0, img_height = 0;

EM_PORT_API(uint8_t*) get_img_buf(int w, int h) {
     if (img_buf == NULL || w != img_width || h != img_height) {
         if (img_buf) {
             free(img_buf);
         }
         img_buf = (uint8_t*)malloc(w * h * 4);
         img_width = w;
         img_height = h;
     }

     return img_buf;
}

EM_PORT_API(void) draw_circle(int cx, int cy, int radii) {
     int sq = radii * radii;
     for (int y = 0; y < img_height; y++) {
         for (int x = 0; x < img_width; x++) {
             int d = (y - cy) * (y - cy) + (x - cx) * (x - cx);
             if (d < sq) {
                 img_buf[(y * img_width + x) * 4] = 255;      //r
                 img_buf[(y * img_width + x) * 4 + 1] = 0;    //g
                 img_buf[(y * img_width + x) * 4 + 2] = 0;    //b
                 img_buf[(y * img_width + x) * 4 + 3] = 255; //a
             }
             else {
                 img_buf[(y * img_width + x) * 4] = 0;        //r
                 img_buf[(y * img_width + x) * 4 + 1] = 255; //g
                 img_buf[(y * img_width + x) * 4 + 2] = 255; //b
                 img_buf[(y * img_width + x) * 4 + 3] = 255; //a
             }
         }
     }
}
```

其中，img_buf指向用于保存位图数据的缓冲区，get_img_buf() 函数将根据传入的参数判断是否需要重新创建缓冲区，draw_circle() 函数将在指定位置以指定半径填充绘制的圆。

网页部分代码如下：

```
//canvas.html
   <canvas id="myCanvas"></canvas>
   <script>
   Module = {};
```

```
Module.onRuntimeInitialized = function() {
  var canvas = document.getElementById('myCanvas');
  canvas.width = 400;
  canvas.height = 400;
  window.requestAnimationFrame(update);
}

var radii = 0, delta = 1;
function update() {
  var buf_addr = Module._get_img_buf(400, 400);
  Module._draw_circle(200, 200, radii);
  radii += delta;
  if (radii > 200 || radii < 0) delta = -delta;

  var u8o = new Uint8ClampedArray(Module.HEAPU8.subarray(buf_addr,
    buf_addr + 400 * 400 * 4));
  var imgData = new ImageData(u8o, 400, 400);

  var canvas = document.getElementById('myCanvas');
  var ctx = canvas.getContext('2d');
  ctx.putImageData(imgData, 0, 0);

  window.requestAnimationFrame(update);
}
</script>
<script src="canvas.js"></script>
```

上述代码中，网页部分代码中声明了 id 为 myCanvas 的 Canvas 元素，在更新每帧图像时，从 Module 中取出图像数据，创建 ImageData 对象 imgData，并将 imgData 通过 CanvasRenderingContext2D 对象 ctx 更新到 Canvas 上。Canvas 数据更新流程如图 8-1 所示。

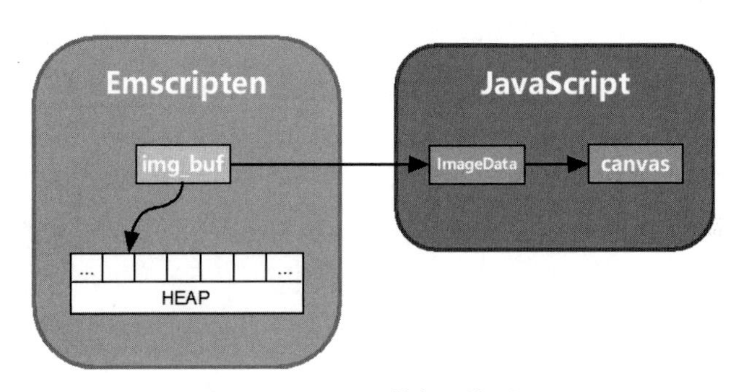

图 8-1 Canvas 数据更新流程

使用如下 emcc 命令编译：

```
emcc canvas.cc -o canvas.js
```

浏览页面，青色背景上将显示一个不断变大变小的圆，如图 8-2 所示。

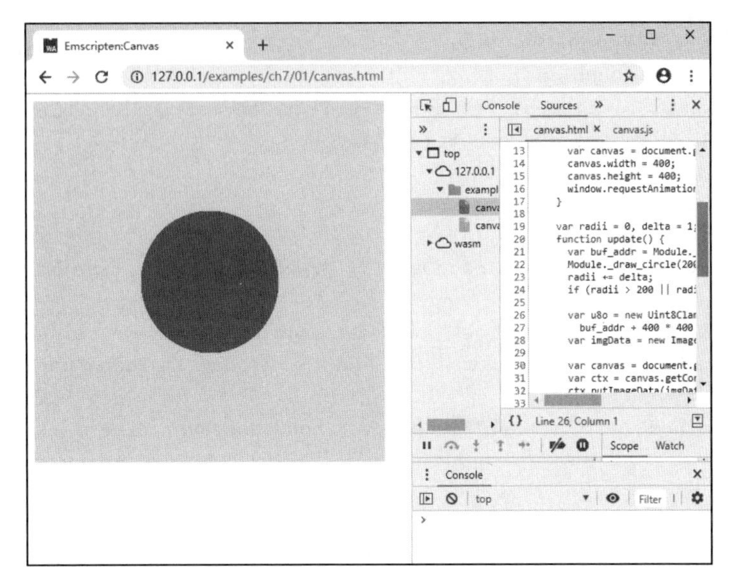

图 8-2　Canvas 动态绘制运行效果

事实上，Canvas 对象已经内置包括圆、矩形、扇形等多种几何图形的绘制方法。上述例程使用自定义的 draw_circle() 函数更多是为了演示如何在 C 语言中操作位图图像，以及如何提取图像并更新到 Canvas。关于 Canvas、ImageData、CanvasRenderingContext2D 等相关对象的详细资料，读者可参考 MDN。

8.2　鼠标事件

在 JavaScript 中，为 DOM 元素附加事件非常容易。本节就以 Canvas 为例，介绍鼠标事件的响应方法。

本节的例程创建包含一个 Canvas 的页面。当鼠标在 Canvas 上移动时，调用 C 函数，输出光标在 Canvas 中的坐标及该坐标处的像素的颜色（RGBA）值。

网页部分代码如下：

```
//canvas_mouse_event.html
<canvas id="myCanvas"></canvas>
```

```
<script>
Module = {};
Module.onRuntimeInitialized = function() {
  var image=new Image();
  image.src="cover.png";
  image.onload=function() {
    var canvas = document.getElementById('myCanvas');
    var ctx = canvas.getContext("2d");
    canvas.width = image.width;
    canvas.height = image.height;
    ctx.drawImage(image, 0, 0);
    var img_data = ctx.getImageData(0, 0, image.width, image.height).data;

    var buf_addr = Module._get_img_buf(image.width, image.height);
    Module.HEAPU8.set(img_data, buf_addr);  //copy img_data to Emscripten

    canvas.addEventListener("mousemove", onMouseMove, true);
  }
}

function getPointOnCanvas(canvas, x, y) {
  var bbox = canvas.getBoundingClientRect();
  return {
    x: x - bbox.left * (canvas.width / bbox.width),
    y: y - bbox.top * (canvas.height / bbox.height)
  };
}

function onMouseMove(event) {
  var canvas = document.getElementById('myCanvas');
  var loc = getPointOnCanvas(canvas, event.clientX, event.clientY);
  Module._on_mouse_move(loc.x, loc.y);
}
</script>
<script src="canvas_mouse_event.js"></script>
```

上述代码中，在 Module 的 onRuntimeInitialized() 回调方法中，创建了一个 Image 对象，然后加载 cover.png 图片，图片加载完成后被更新至 Canvas，同时位图数据被复制到 C 环境中。canvas.addEventListener() 为鼠标移动添加了事件响应函数，当鼠标移动时，onMouseMove() 函数将被执行。在 onMouseMove() 函数将光标从窗口坐标转为 Canvas 坐标后，调用 C 导出函数 Module._on_mouse_move() 执行颜色拾取操作。

C代码如下：

```
uint8_t *img_buf = NULL;
int img_width = 0, img_height = 0;

EM_PORT_API(uint8_t*) get_img_buf(int w, int h) {
    if (img_buf == NULL || w != img_width || h != img_height) {
        if (img_buf) {
            free(img_buf);
        }
        img_buf = (uint8_t*)malloc(w * h * 4);
        img_width = w;
        img_height = h;
    }

    return img_buf;
}

EM_PORT_API(void) on_mouse_move(int x, int y) {
    if (img_buf == NULL) {
        printf("img_buf not ready!\n");
        return;
    }
    if (x >= img_width || x < 0 || y >= img_height || y <0) {
        printf("out of range!\n");
        return;
    }

    printf("mouse_x:%d; mouse_y:%d; RGBA:(%d, %d, %d, %d)\n", x, y,
        img_buf[(y * img_width + x) * 4],
        img_buf[(y * img_width + x) * 4 + 1],
        img_buf[(y * img_width + x) * 4 + 2],
        img_buf[(y * img_width + x) * 4 + 3]);
}
```

其中，get_img_buf() 函数与上一节例子中的一致，用于分配保存位图数据的缓冲区；on_mouse_move() 函数用于根据传入参数进行颜色拾取和日志输出。

使用 emcc 命令编译：

```
emcc canvas_mouse_event.cc -o canvas_mouse_event.js
```

浏览页面后，在 Canvas 上移动鼠标，控制台输出如图 8-3 所示。

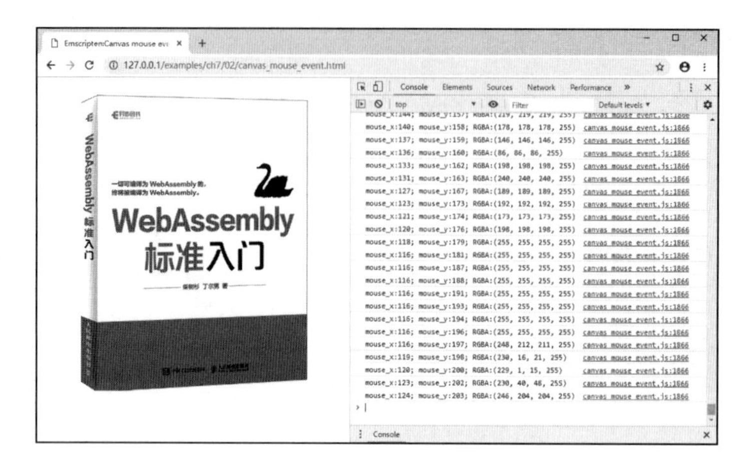

图 8-3 响应 Canvas 鼠标事件

8.3 键盘事件

与响应鼠标事件相比，响应键盘事件没有那么容易，因为 Canvas 本身并不支持键盘事件的响应。我们需要用一点小技巧——在 Canvas 上添加一个支持键盘事件的其他对象。

本节的例程将在 8.2 节例程的基础上添加键盘响应事件。

网页部分变更的代码如下：

```
//canvas_mk_event.html
<canvas id="myCanvas" tabindex="0"></canvas>
<script>
Module = {};
Module.onRuntimeInitialized = function() {
    //......
    canvas.addEventListener("mousemove", onMouseMove, true);
    canvas.addEventListener("keydown", onKeyDown, true);
    canvas.focus();
  }
}

//......

function onKeyDown(event) {
    Module.ccall('on_key_down', 'null', ['string'], [event.key]);
}
```

```
</script>
<script src="canvas_mk_event.js"></script>
```

其中，<canvas id="myCanvas" tabindex="0"></canvas> 在 Canvas 上附加了 tabindex 元素，以支持键盘事件响应。添加键盘事件响应函数的方法与 7.2 类似，不再赘述。

C 代码中增加了对应的处理函数：

```
//canvas_mk_event.cc
EM_PORT_API(void) on_key_down(const char* key) {
    printf("on_key_down(); key:%s\n", key);
}
```

使用 emcc 命令编译：

```
emcc canvas_mk_event.cc -s "EXTRA_EXPORTED_RUNTIME_METHODS=['ccall']"
  -o canvas_mk_event.js
```

浏览页面后，控制台输出如图 8-4 所示。

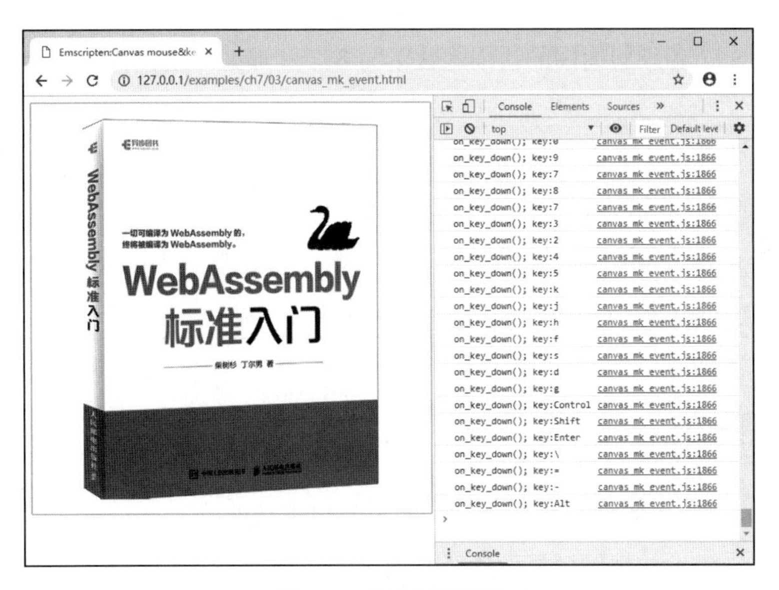

图 8-4　响应键盘事件

8.4　Life 游戏

本节将综合应用 8.1 节 ~8.3 节的技术，编写一个完整的交互式小游戏——Life。

这个短小的页面程序具备 UI 交互程序所需的基本特征：有图形化界面，能响应鼠标和键盘操作，有完整的运行逻辑。我们希望通过本例体现在网页中使用 C/C++ 开发 UI 交互程序的便捷性。

8.4.1 Life 简介

Life——全称“Conway's Game of Life”，是一个自运行的小游戏，它可以用二维栅格模拟生命，栅格中的每个网格被称为一个细胞，每个细胞有活和死两种状态，并且细胞状态按照以下规则演变。

- 如果一个活细胞周围的活细胞少于 2 个，那么在下一代它将死掉。
- 如果一个活细胞周围的活细胞数量为 2 个或 3 个，那么它将继续活至下一代。
- 如果一个活细胞周围的活细胞数量超过 3 个，那么在下一代它将死掉。
- 如果一个死细胞周围的活细胞数量为 3 个，那么在下一代它将复活。

> 提示 这里“周围”的含义是与该细胞邻接的 8 个细胞，并且代与代之间的状态是整体隔离的。也就是说，每个细胞的状态仅取决于它周围的细胞在上一代的状态。关于 Life 游戏的更多详细信息，读者可参阅维基百科：https://en.wikipedia.org/wiki/Conway%27s_Game_of_Life。

8.4.2 设计要求

我们将在网页中实现 Life 游戏，希望它有以下功能。

1）可通过键盘快捷键随机设置所有细胞的状态；

2）可通过键盘快捷键随时暂停 / 恢复游戏运行；

3）在游戏暂停时，可以用鼠标点击某个细胞，使其状态翻转。

8.4.3 Life 游戏 C 代码

Life 游戏的 C 代码如下：

```
//life.cc
bool *cells0 = NULL, *cells1 = NULL;
uint32_t *img_buf = NULL;
int width = 0, height = 0;
bool pausing = false;
int scale = 2;

void create_seeds() {
    if (cells0 == NULL) return;

    srand(clock());
    for (int i = 0; i < width * height; i++){
        cells0[i] = (rand() % 2) != 1;
    }
}

EM_PORT_API(void) init_env(int w, int h, int s) {
    if (cells0) free(cells0);
    if (cells1) free(cells1);
    if (img_buf) free(img_buf);

    width = w;
    height = h;
    scale = s;

    cells0 = (bool*)malloc(w * h);
    cells1 = (bool*)malloc(w * h);
    img_buf = (uint32_t*)malloc(w * h * scale * scale * 4);

    create_seeds();
}
```

在Life游戏中，由于代之间互相隔离，因此上述代码中申请了两块缓冲区cells0以及cells1。

其中，img_buf是最终输出到Canvas的图像缓冲区。由于1个像素在屏幕上非常小，难以看清，我们设置了拉伸系数scale。1个细胞在图像中将占据scale * scale个像素。

create_seeds()函数用于随机初始化所有细胞状态，导出函数init_env()用于初始化内部使用的各个缓冲区，并保存网格长/宽等参数。

接下来，evolve()函数负责根据Life的设计规则进行演进，计算每个细胞在下一代的状态。

```
//life.cc
struct DIR{
    int x, y;
};
void evolve(){
    static DIR dirs[] = {{-1, -1}, {0, -1}, {1, -1}, {-1, 0}, {1, 0}, {-1, 1},
        {0, 1}, {1, 1}};

    for (int y = 0; y < height; y++) {
        for (int x = 0; x < width; x++) {
            int live_count = 0;
            for (int i = 0; i < 8; i++) {
                int nx = (x + dirs[i].x + width) % width;
                int ny = (y + dirs[i].y + height) % height;
                if (cells0[ny * width + nx]) {
                    live_count++;
                }
            }

            if (cells0[y * width + x]) {
                switch (live_count) {
                    case 2:
                    case 3:
                        cells1[y * width + x] = true;
                    break;

                    default:
                        cells1[y * width + x] = false;
                    break;
                }
            }
            else {
                switch (live_count) {
                    case 3:
                        cells1[y * width + x] = true;
                    break;

                    default:
                        cells1[y * width + x] = false;
                    break;
                }
            }
        }
    }

    bool *temp = cells0;
    cells0 = cells1;
    cells1 = temp;
}
```

其中，每次执行 evolve() 函数时，根据 cells0 的状态计算 cells1 的状态，然后将二者互相调换。注意，我们这里设置了循环二维空间，即从逻辑上来说，网格的最左侧与最右侧是连在一起的、最上侧与最下侧是连在一起的。

接下来的代码负责演进调度和输入响应：

```
//life.cc
EM_PORT_API(uint8_t*) step() {
    if (img_buf == NULL) return NULL;

    if (!pausing) {
        evolve();
    }

    for (int x = 0; x < width; x++){
        for (int y = 0; y < height; y++){
            uint32_t color = cells0[y * width + x] ? 0xFF0000FF : 0xFFFFFFFF;
            for (int i = 0; i < scale; i++){
                for (int j = 0; j < scale; j++){
                    int d = ((y * scale + j) * width * scale + x * scale + i);
                    img_buf[d] = color;
                }
            }
        }
    }

    return (uint8_t*)img_buf;
}

EM_PORT_API(void) on_mouse_click(int x, int y){
    if (!pausing) return;

    x /= scale;
    y /= scale;

    if (x < 0 || x >= width || y < 0 || y >= height) return;

    cells0[y * width + x] = !cells0[y * width + x];
}

EM_PORT_API(void) on_key_up(const char* key) {
    if (!key) return;

    switch(*key) {
    case 'p':
        pausing = !pausing;
        break;
```

```
        case 'r':
            create_seeds();
            break;
        }
}
```

其中，导出函数 step() 根据暂停标志 pausing 决定是否需要进行演进，然后将细胞当前状态（cells0）转化为图像数据并返回；导出函数 on_mouse_click() 用于响应 Canvas 的鼠标点击事件；导出函数 on_key_up() 用于响应键盘事件。

8.4.4 Life 游戏网页代码

在 Module.onRuntimeInitialized 回调时，初始化 Life 的网格尺寸为（256，256）(由于拉伸系数为 2，因此 Canvas 尺寸为（512 ，512）)，并设置键盘鼠标的事件响应函数，代码如下：

```
//life.html
<canvas id="myCanvas" tabindex="0"></canvas>
<p id = 'tip'>Loading WebAssembly...</p>
<script>
Module = {};
Module.onRuntimeInitialized = function() {
  var canvas = document.getElementById('myCanvas');
  var ctx = canvas.getContext("2d");
  canvas.width = 512;
  canvas.height = 512;
  Module._init_env(256, 256, 2);

  canvas.addEventListener("click", onMouseClick, true);
  canvas.addEventListener("keyup", onKeyUp, true);
  canvas.focus();

  window.requestAnimationFrame(update);
  var tip = document.getElementById('tip');
   tip.innerHTML = "Press 'p' to pause/resume, 'r' to reset. Click cell to
invert it's state while pausing.";
}
```

注意：我们使用了 8.1 节中提到的 window.requestAnimationFrame(update) 方法设置每帧更新的回调。回调函数 update() 如下：

```
//life.html
function update() {
  var buf_addr = Module._step();
  var u8o = new Uint8ClampedArray(Module.HEAPU8.subarray(buf_addr,
```

```
    buf_addr + 512 * 512 * 4));
  var imgData = new ImageData(u8o, 512, 512);

  var canvas = document.getElementById('myCanvas');
  var ctx = canvas.getContext('2d');
  ctx.putImageData(imgData, 0, 0);

  window.requestAnimationFrame(update);
}
```

update() 函数调用 C 导出函数 step() 进行演进，同时将结果图像更新至 Canvas。

```
//life.html
function getPointOnCanvas(canvas, x, y) {
  var bbox = canvas.getBoundingClientRect();
  return {
    x: x - bbox.left * (canvas.width / bbox.width),
    y: y - bbox.top * (canvas.height / bbox.height)
  };
}

function onMouseClick(event) {
  var canvas = document.getElementById('myCanvas');
  var loc = getPointOnCanvas(canvas, event.clientX, event.clientY);
  Module._on_mouse_click(loc.x, loc.y);
}

  function onKeyUp(event) {
  Module.ccall('on_key_up', 'null', ['string'], [event.key]);
}
```

其中，onMouseClick() 函数用于响应鼠标点击事件；onKeyUp() 函数用于响应键盘操作。

8.4.5　运行 Life

使用 emcc 命令编译：

```
emcc life.cc -s "EXTRA_EXPORTED_RUNTIME_METHODS=['ccall']" -o life.js
```

浏览页面后，canvas 将显示细胞的演进，其中一帧截图如图 8-5 所示。

键盘按键“p”用于切换暂停 / 运行状态，“r”用于重新随机初始化；在暂停状态下，用鼠标点击某个细胞可以翻转它的状态。

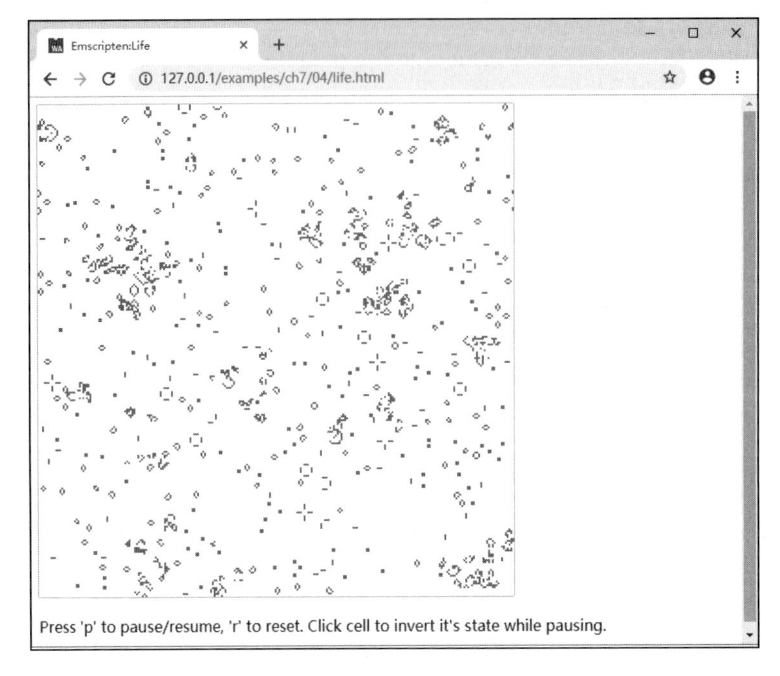

图 8-5 Life 运行截图

8.5 本章小结

本章介绍了导入 Canvas 对象，实现图形绘制和交互响应的方法。Canvas 作为 H5 新特性的重要组成部分，不仅提供 2D 图像的绘制功能，还通过 WebGL 提供 3D 图像的绘制功能，并且结合 WebAssembly 的高性能，可以创建出媲美桌面版的高性能三维程序。到本章为止，与 C/C++ 相关的内容告一段落。下一章将介绍如何使用 Rust 开发 WebAssembly 模块。

第三篇 *Part 3*

前沿篇

Chapter 9　第9章

Rust和WebAssembly

Rust编程语言和WebAssembly都是诞生自Mozilla的前沿技术。Rust语言最大的特色是在保证系统性能的同时提供了内存安全。Rust语言自诞生起就将兼容C语言二进制接口作为自身语言特性，因此理论上其可以做到和C/C++语言一样编写WebAssembly模块。实际上，Rust语言配合其Cargo包管理工具，可以很容易地开发WebAssembly模块。本章将展示通过Rust语言开发WebAssembly模块的技术。

9.1　Rust入门

本节以最少的内容展示如何配置Rust开发环境，并且运行一个最简单的例子。我们的目标不是完整地学习Rust语言，而是以最简单的方式掌握Rust语言开发WebAssembly模块的关键技术点。

9.1.1　安装Rust开发环境

访问Rust语言官方网站的安装地址https://www.rust-lang.org/tools/install，安装rustup工具的命令行如下：

```
$ curl --proto '=https' --tlsv1.2 -sSf https://sh.rustup.rs | sh
```

以上是类UNIX系统下，rustup工具的安装方式（如果是Windows系统，可以先下载rustup安装程序再安装）。安装的所有工具在~/.cargo/bin目录下，我们需要将该目录添加到PATH环境变量。

我们可以通过以下方式查看rustup、rustc和cargo工具的版本信息：

```
$ rustup --version
rustup 1.21.1 (7832b2ebe 2019-12-20)
$ rustc --version
rustc 1.40.0 (73528e339 2019-12-16)
$ cargo --version
cargo 1.40.0 (bc8e4c8be 2019-11-22)
```

其中，rustup是Rust工具的管理工具，rustc是Rust程序编译器，cargo是Rust工程的管理工具。

9.1.2　你好，世界

我们依然从“你好，世界”这个例子开始测试。首先，创建hello.rs文件：

```
fn main() {
    println!("你好，世界");
}
```

其中，fn是关键字，表示定义一个函数，定义的函数的名字是main。main()函数的参数在小括弧中列出（这里的main()函数没有参数），函数体位于大括弧内。这里main()函数体中只有一个语句，就是用println!宏输出一个字符串并换行。

然后，输入以下命令进行编译并运行该程序：

```
$ rustc -o a.out hello.rs
$ ./a.out
你好，世界
```

这样，我们就编写并运行了第一个Rust程序。

9.1.3　Cargo管理工程

工程和模块管理是每一个工业级语言必须具备的特性，而Rust语言自带的Cargo工程管理工具目前已经成为行业的标杆。这里，我们展示如何通过Cargo工具来编译并运行9.1.2节“你好，世界”的Rust程序。

工程一般以目录的方式组织，因此我们先创建一个空的目录（目录的名字自由选择），其中包含一个 Cargo.toml 文件：

```
[package]
name = "hello"
version = "0.1.0"
```

Cargo.toml 是一种 TOML 格式的工程文件（TOML 格式和 ini 格式类似，但是其功能更加强大）。其中，[package] 部分包含工程的基本信息：name 字段表示工程的名字，version 字段表示工程的版本。

然后，创建一个 src 目录，在目录中创建一个 main.rs 文件：

```
fn main() {
   println!(" 你好，世界 ");
}
```

Cargo 工具默认以 src/main.rs 为程序的入口文件，因此只需要输入 cargo run 就可以编译并运行程序了：

```
$ cargo run
    Compiling hello v0.1.0 (/Users/user/path/to/hello)
        Finished dev [unoptimized + debuginfo] target(s) in 1.15s
            Running 'target/debug/hello'
你好，世界
```

Cargo 底层依然是调用 rustc 编译器工具。但是，Cargo 不仅可以管理可执行程序和库，还可以对其他第三方库的依赖进行管理，同时支持自定义的构建脚本。建议读者在理解了 rustc 工作原理之后尽量以 Cargo 方式管理工程代码。关于 Cargo 的更多命令，读者请参考 cargo -h。

9.1.4 本地文档

编程中最常见的问题就是如何查看本地文档，其实很多时候 Rust 自带的官方文档可以给出最权威的答案。

可以通过以下命令打开本地文档页面：

```
$ rustup doc
```

该命令会打开浏览器并自动跳转到对应帮助页面，如图 9-1 所示。

其中，Use Rust 主题下包含了 The Standard Library 标准库主题。我们可以键入 println! 查看其文档说明，也可以通过 rustup doc --std 直接打开标准库页面查看。

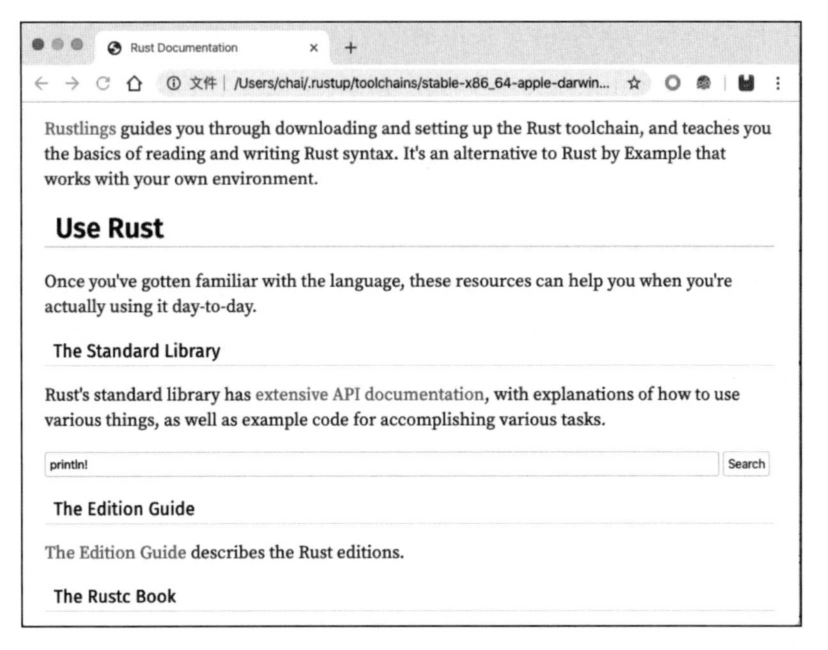

图 9-1　Rust 本地文档

此外，本地文档还包含官方的 *The Rust Programming Language* 和 *Rust by Example* 等系列教程，这些都是学习和了解 Rust 最权威的第一手资料。

9.2　你好，WebAssembly

Rust 是目前 WebAssembly 生态中支持力度最强的一种语言。开源社区中不仅有 Rust 语言开发的 WebAssembly 虚拟机，还有基于 WebAssembly 模块的管理工具。本节同样尝试以最少的内容展示如何用 Rust 语言开发一个 WebAssembly 程序。

9.2.1　安装 WebAssembly 开发环境

Rust 语言默认安装的是生成本地应用的开发环境，因此 WebAssembly 开发环境需要单独安装。首先查看有哪些环境可以安装：

```
$ rustup target list | grep wasm
wasm32-unknown-emscripten
wasm32-unknown-unknown
wasm32-wasi
```

Rust中目标平台的名字格式采用的是LLVM约定的三元组格式，一般是由CPU架构、供应商、操作系统几个字段用连接符组成一个字符串。这里可以看到有3种WebAssembly环境，其中wasm32表示CPU类型是32位地址的WebAssembly环境，unknown表示未知的供应商和未知的操作系统。需要注意的是，wasm32-unknown-emscripten表示采用Emscripten工具链定义的宿主API，wasm32-wasi表示最新的WASI宿主API规范。wasm32-unknown-unknown中缺少供应商、操作系统信息，可以看作是一个没有固定外部设备（没有固定的宿主API导入规范）的纯WebAssembly开发环境，因此其可定制性最强。

了解环境之后，我们可以通过以下命令安装：

```
$ rustup target add wasm32-wasi
$ rustup target add wasm32-unknown-emscripten
$ rustup target add wasm32-unknown-unknown
```

为了方便测试和运行WebAssembly模块，还需要安装wasmer虚拟机环境。该工具的官方下载地址为https://wasmer.io/，用户请自行下载安装。

以下是Linux平台下，wasmer的安装命令：

```
$ curl https://get.wasmer.io -sSfL | sh
```

macOS系统下，可以通过brew工具安装；Windows系统下，可以通过下载安装程序安装。

安装成功之后，输入以下命令查看wasmer版本信息：

```
$ wasmer -h
wasmer 0.4.2
The Wasmer Engineering Team <engineering@wasmer.io>
Wasm execution runtime.

USAGE:
    wasmer <SUBCOMMAND>

FLAGS:
    -h, --help         Prints help information
    -V, --version      Prints version information

SUBCOMMANDS:
    cache              Wasmer cache
    help               Prints this message or the help of the given subcommand(s)
    run                Run a WebAssembly file. Formats accepted: wasm, wast
    self-update        Update wasmer to the latest version
```

```
    validate        Validate a Web Assembly binary
```

其中，run 子命令可以用于运行 WebAssembly 模块。

9.2.2 打印“你好，WebAssembly”

首先，在 Cargo 环境创建 hello-wasm 工程，其中 src/main.rs 程序如下：

```
fn main() {
    println!("你好，WebAssembly");
}
```

然后，在编译时指定目标为 wasm32-wasi：

```
$ cargo build --target=wasm32-wasi
```

如果一切顺利，将生成 target/wasm32-wasi/debug/hello-wasm.wasm 文件。

最后，通过 wasmer 工具运行该程序文件：

```
$ wasmer run target/wasm32-wasi/debug/hello-wasm.wasm
你好，WebAssembly
```

这样就重现了本地环境的输出结果，意味着 WebAssembly 开发环境可以正常工作。

9.3 导入和导出函数

在前文中，我们已经展示了如何使用 Rust 构建简单且可执行的程序并编译到 WebAssembly 模块。不过在真实的开发环境中，一个可执行程序都是调用其他的函数来完成工作，因此如何导入和导出函数才是关键。本节将展示如何导入宿主函数和如何导出 Rust 函数给宿主环境。

9.3.1 导出 main() 函数

回顾 9.2 节展示的“你好，WebAssembly”例子，其中 src/main.rs 程序如下：

```
fn main() {
    println!("你好，WebAssembly");
}
```

9.2 节编译目标为 wasm32-wasi，因此程序只能在宿主支持的 WASI 虚拟机环境运行。现在，我们设置编译目标为 wasm32-unknown-unknown（即纯 WebAssembly

环境)，然后查看其导出的函数。

输入以下命令重新构建：

```
$ cargo build --target wasm32-unknown-unknown
```

默认生成 ./target/wasm32-unknown-unknown/debug/hello-wasm.wasm 文件，然后用 VSCode 的 WebAssembly 文件预览插件，查看其导出函数，如图 9-2 所示。

```
15359  (table $T0 69 69 anyfunc)
15360  (memory $memory 17)
15361  (global $g0 (mut i32) (i32.const 1048576))
15362  (global $__data_end i32 (i32.const 1057098))
15363  (global $__heap_base i32 (i32.const 1057098))
15364  (global $__rustc_debug_gdb_scripts_section__ i32 (i32.const 1048576))
15365  (export "memory" (memory 0))
15366  (export "__data_end" (global 1))
15367  (export "__heap_base" (global 2))
15368  (export "__rustc_debug_gdb_scripts_section__" (global 3))
15369  (export "main" (func $main))
15370  (elem (i32.const 1) $_ZN10hello_wasm4main17h4ce35990aa6a6077E $_ZN4core3ptr1
15371  (data (i32.const 1048576) "\01gdb_load_rust_pretty_printers.py\00")
15372  (data (i32.const 1048616) "\e4\bd\a0\e5\a5\bd\ef\bc\8cWebAssembly\0a\00\00\0
15373  (data (i32.const 1056568) "\01\00\00\00\00\00\00\00")
15374  (data (i32.const 1056576) "\00\00\00\00\00\00\00\00\00\00\00\00\00\00\00\00\
```

图 9-2 查看 WebAssembly 导出函数

其中，(export "main" (func $main)) 表示以相同的名字导出了 main() 函数。我们可以在 Node.js 环境，通过 console.dir() 调试函数查看导出的内容：

```
const fs = require('fs');
const buf = fs.readFileSync('./hello-wasm.wasm');

WebAssembly.instantiate(new Uint8Array(buf)).then(function(result) {
    console.dir(result.instance.exports);
});
```

运行代码，得到以下输出：

```
[Object: null prototype] {
  memory: Memory [WebAssembly.Memory] {},
  __data_end: Global [WebAssembly.Global] {},
  __heap_base: Global [WebAssembly.Global] {},
  __rustc_debug_gdb_scripts_section__: Global [WebAssembly.Global] {},
  main: [Function: 5]
}
```

这说明普通的应用程序默认导出了 main() 函数。

9.3.2 导入宿主打印函数

如果 Rust 程序的 main() 函数是采用 printlt! 宏输出内容，那么对于编译目标为 wasm32-unknown-unknown 的模块，运行 main() 函数后是无法看到输出结果的。这是因为 WebAssembly 是一个类似 CPU 的抽象设备，而 CPU 本身并无输出功能，需要通过导入宿主函数才能完成输出到屏幕。

下面是宿主部分的启动代码：

```
const fs = require('fs');
const buf = fs.readFileSync('./hello-wasm.wasm');

WebAssembly.instantiate(new Uint8Array(buf)).then(function(result) {
    result.instance.exports.main();
});
```

我们假定 Node.js 宿主环境提供了一个 console_log() 函数，用于输出一个整数值：

```
function console_log(x) {
    console.log(x);
}
```

这样就可以通过 console_log() 函数输出信息了。src/main.rs 内容修改如下：

```
extern "C" {
    fn console_log(a: i32);
}

fn main() {
    unsafe{console_log(42);}
}
```

其中，紧跟 extern "C" 后的大括弧内是宿主导入函数声明，它们都是以 C 语言 ABI 规范导入。由于导入的 C 函数不能满足 Rust 安全约定，因此 main() 函数必须在 unsafe 语句块中调用导入的输出函数。

对应 Node.js 环境的启动代码如下：

```
const fs = require('fs');
const buf = fs.readFileSync('./hello-wasm.wasm');

function console_log(x) { console.log(x); }
```

```
WebAssembly.instantiate(new Uint8Array(buf), {
    env: { "console_log": console_log }
}).then(function(result) {
    result.instance.exports.main();
});
```

在 WebAssembly.instantiate 实例化模块对象的时候，通过第二个参数传入了宿主导入对象。在导入对象的 env 属性中，包含的是对应 Rust 语言中 extern "C" 表示的函数列表，这里只有一个 console_log() 函数。在实例化完成之后，通过 result.instance.exports.main() 手工执行 main() 函数。

现在运行 main() 函数就可以得到正确的结果了，也意味着成功地将外部宿主导入的函数引入到 Rust 环境了。

9.3.3 导出自定义函数

导入宿主函数的真正目的是实现更复杂的功能。比如 9.3.2 节的例子中，main() 函数通过导入的 console_log() 函数实现了输出功能。对于可执行程序，作为入口的 main() 函数是默认导出的，那么如何导出一个自定义的函数呢？

首先，新建一个名为 hello-double 的 Cargo 工程，其 src/main.rs 内容如下：

```
fn main() {}

#[no_mangle]
pub fn double(n: i32) -> i32 {
    n*2
}
```

由于不再需要 main() 函数作为默认入口函数，因此 main() 函数中没有任何代码（但是，这里 main() 函数本身依然需要保留）。本例的目的是导出一个名为 double 的函数，该函数的功能是将输入的整数翻倍后再返回。对于要导出的函数需要用 pub 关键字修饰。本例中 double() 函数前的 #[no_mangle] 表示导出名字不要修饰，即导出后依然是同样的函数名字（和 extern "C" 的作用类似）。

然后，在 Node.js 环境导出 double() 函数：

```
WebAssembly.instantiate(new Uint8Array(buf)).then(function(result) {
const double = (i) => {
    return result.instance.exports.double(i);
}
for(let i = 0; i < 5; i++) {
```

```
        console.log(double(i));
    }
});
```

导出函数和导入函数一样，输入参数和返回值类型严格受限于WebAssembly的类型。简单来说，只有i32和f64两种类型是安全的，如果需要处理字符串或结构体等复杂的类型，则需要通过导出的内存对象交换数据。如果基于内存交换数据，需要确保内存的管理规范和Rust内存模型适配。我们将在后续章节中展示更复杂的数据交换技术。

9.4 打印命令行参数

导入和导出函数的目的是交换数据并处理数据。在前文，我们已经展示了如何通过导入和导出函数传递整数参数和返回整数结果。如果整数作为指针类型，再配合导出的内存对象，就可以交换更复杂的数据结构。字符串和数组等都是复杂数据结构的代表。本节首先展示如何通过导入的宿主函数打印一个Rust字符串，然后展示如何传入更复杂的字符串列表（对应命令行参数列表）。

9.4.1 打印字符串

由于宿主向Rust传入字符串的过程比较复杂，我们先查看在Rust环境如何通过调用导入的宿主函数打印一个Rust字符串。假设宿主导入了env_print_str()字符串打印函数，其声明如下：

```
extern "C" {
    fn env_print_str(s: *const u8, len: usize);
}
```

该函数的第一个参数是字符串的开始内存地址，第二个参数是无符号整数类型表示的字符串字节长度。

那么，main()函数就可以使用env_print_str()打印Rust格式的字符串：

```
fn main() {
    let s = "你好，WebAssembly!";
    unsafe {
        env_print_str(s.as_ptr(), s.len());
    }
}
```

其中，导入的 env_print_str() 函数是 unsafe 类型，因此必须放在 unsafe 代码块中调用。调用前需要通过 s.as_ptr() 获取 Rust 字符串的内存地址，然后通过 s.len() 获取字符串的字节长度信息。

准备就绪之后，通过以下命令生成 .wasm 文件：

```
$ cargo build --target wasm32-unknown-unknown
```

默认编译的类型是 debug，因此在 ./target/wasm32-unknown-unknown/debug 目录下生成 .wasm 文件。

9.4.2 准备导入 env_print_str() 函数

字符串是一个复杂的数据类型，必须依赖 WebAssembly 实例的内存地址才能传递给宿主。WebAssembly 实例的内存地址只有在实例化之后才能获取，因此我们还需要封装一些辅助的 JavaScript 类。

下面介绍用于辅助的 RustApp 类：

```
class RustApp {
    constructor() {
        this._inst = null;
    }

    async Run(instance = null) {
        if(instance != null) { this._inst = instance; }
        this._inst.exports.main();
    }
}
```

RustApp 类提供了一个异步的 Run() 方法，该方法是先在类对象中保存传入的 WebAssembly 实例，然后调用 Rust 模块导出的 main() 函数。

RustApp 类的使用方式如下：

```
const rustApp = new RustApp();

WebAssembly.instantiate(new Uint8Array(buf),
    env: {
        env_print_str: (s, len) => {
            console.log(rustApp.GetString(s, len));
        }
    }
).then((result) => {
    return rustApp.Run(result.instance);
})
```

这样设计的目的是方便访问WebAssembly实例和相关的辅助方法。上述代码首先实例化一个RustApp对象，在传入的宿主导入对象中实现了env_print_str()函数的导入。env_print_str()函数的参数是Rust字符串的内存地址和长度，内部首先通过rustApp.GetString(s, len)构建对应的JavaScript格式的字符串，然后通过console.log()输出字符串，最后在WebAssembly实例化成功之后通过rustApp.Run(result.instance)调用main()函数。

Rust字符串的解码工作由GetString()方法完成：

```
class RustApp {
    GetString(addr, len) {
        return new TextDecoder("utf-8").decode(this.MemView(addr, len));
    }

    MemView(addr, len) {
        return new DataView(this._inst.exports.memory.buffer, addr, len);
    }
}
```

其内部首先通过MemView方法在Rust字符串对应的内存区间构造一个DataView对象，然后通过TextDecoder解码其中的UTF8规范的字符串。

这样就可以在Rust程序中从导入的宿主env_print_str输出Rust字符串了。

9.4.3 向Rust传入字符串

从外部宿主环境向Rust传入字符串也是一个复杂的过程：首先需要在Rust环境分配一定的内存空间，然后将外部的字符串写入分配的内存，最后传入字符串对应的Rust内存地址。我们可以从头构建这个过程，但是简单的方法是基于Rust语言内置的String类型进行封装。

从宿主角度看，String是一个Rust对象，因此首先需要导出对象创建和删除的函数：

```
#[no_mangle]
pub fn string_new(size: usize) -> *mut String {
    Box::into_raw(Box::new(String::from("\0").repeat(size)))
}

#[no_mangle]
pub fn string_delete(ptr: *mut String) {
```

```
    if ptr.is_null() {
        return;
    }
    unsafe {
        Box::from_raw(ptr);
    }
}
```

关于导出函数的方法，我们已经在前文讲过，这里重点说明新出现的用法。string_new 是创建一个 size 字节大小的字符串，字符串内容全部是零值。Rust 字符串是有着严格生命周期的对象，因此我们通过 Box 将原始的指针转为引用计数管理之后再取出其底层的 String 指针。string_delete 用于释放封装的字符串对象，内部将传入的 String 指针还原为 Box 引用计数对象，并纳入 Rust 内存模型管理。

有了 Rust 字符串对象之后，最重要的是获取底层的数据指针，这个工作由 string_data_ptr() 函数完成：

```
#[no_mangle]
pub fn string_data_ptr(ptr: *mut String) -> *mut u8 {
    let me = unsafe {
        assert!(!ptr.is_null());
        &mut *ptr
    };

    return me.as_mut_ptr();
}
```

上述代码传入的是 *mut String 类型的字符串对象指针，内部先转换为 &mut String 类型，然后通过 me.as_mut_ptr() 获取底层的数据指针。

在得到底层的数据地址之后，就可以在 Node.js 环境向该地址写入数据了。封装 RustString_new() 代码如下：

```
function RustString_new(rustApp, jsString) {
    const bytes = new TextEncoder("utf-8").encode(jsString);
    let rustString = rustApp.Exports().string_new(bytes.length);
    let addr = rustApp.Exports().string_data_ptr(rustString);
    rustApp.MemUint8Array(addr, bytes.length).set(bytes);
    return rustString;
}
```

第一个参数 rustApp 是前文的 RustApp 类实例，第二个参数 jsString 是 JavaScript 字符串类型。内部首先通过 TextEncoder() 将 jsString 编码为 UTF8 字符串类型，然后通过 rustApp.Exports().string_new 调用导出的函数创建 Rust 字符串

对象，接着通过 rustApp.Exports().string_data_ptr 函数获取字符串底层的数据指针，最后基于 Rust 环境的内存地址构建 Uint8Array 对象，并通过 set 方法写入 UTF8 字符串。

同样，封装字符串释放函数：

```
function RustString_delete(rustApp, rustString) {
    rustApp.Exports().string_delete(rustString);
}
```

为了配合新的代码，我们给 RustApp 类增加了几个辅助方法：

```
class RustApp {
    Init(instance) {
        this._inst = instance;
    }
    Exports() {
        return this._inst.exports;
    }

    MemUint8Array(addr, len) {
        return new Uint8Array(this.Mem().buffer, addr, len);
    }
}
```

其中，Init() 方法用于在调用 Run() 方法之前初始化内部的 WebAssembly 实例。Exports 方法用于获取 WebAssembly 实例导出的各种对象（内存和函数等）。MemUint8Array() 方法则是基于指定内存地址和长度构建一个 Uint8Array 对象，这样宿主就可以读写 Rust 内存的任何数据。

现在宿主环境已经具备创建 Rust 字符串的能力了。为了便于测试，我们再创建一个打印 Rust 字符串的函数：

```
#[no_mangle]
pub fn string_print(ptr: *mut String) {
    let me = unsafe {
        assert!(!ptr.is_null());
        &mut *ptr
    };
    unsafe {
        env_print_str(me.as_ptr(), me.len());
    }
}
```

上述代码首先将传入的字符串指针还原为字符串对象，然后通过宿主导入的 env_print_str() 函数打印。

下面构建入口的 JavaScript 程序：

```
WebAssembly.instantiate(new Uint8Array(buf), {
    env: {
        env_print_str: (s, len) => {
            console.log(theRustApp.GetString(s, len));
        }
    }
}).then((result) => {
    theRustApp.Init(result.instance);

    let rustString = RustString_new(theRustApp, "你好，Rust 字符串");
    theRustApp.Exports().string_print(rustString);
})
```

这个程序没有通过 Run() 调用 main() 函数，而是创建字符串之后直接通过 string_print() 打印。现在，我们就实现了 Rust 和宿主环境字符串类型双向传输，这也是打印命令行参数列表必要的前提工作。

9.4.4 命令行参数封装

我们首先查看生成本地代码时 Rust 是如何打印命令行参数的。可以通过标准库的 std::env::args() 打印命令行参数：

```
fn main() {
    println!("{:?}", std::env::args());
}
```

也可以通过 cargo run 传入命令行参数：

```
$ cargo run aa bb cc
Args { inner: ["target/debug/demo", "aa", "bb", "cc"] }
```

当然，也可以通过 std::env::args().enumerate() 迭代的方式分别打印每个命令行参数：

```
fn main() {
    for (i, x) in std::env::args().enumerate() {
        println!("arg[{}]: {}", i, x);
    }
}
```

运行的结果如下：

```
$ cargo run aa bb cc
arg[0]: target/debug/demo
arg[1]: aa
```

```
arg[2]: bb
arg[3]: cc
```

前文我们已经掌握了通过 WebAssembly 宿主函数打印 Rust 字符串的方法，并且实现了打印命令行参数。真正麻烦的工作是如何将外部的命令行参数传入 Rust 环境。

为此，我们构造一个全局的静态 _ARGS 变量，用于表示命令行参数对应的字符串列表：

```
static mut _ARGS: Vec<String> = Vec::new();

#[no_mangle]
pub fn ARGS_init(i: usize, s: *mut String) {
    let me = unsafe {
        assert!(!s.is_null());
        &mut *s
    };
    unsafe {
        if _ARGS.len() < (i+1) {
            _ARGS.resize(i+1, String::from(""));
        }
        _ARGS[i] = me.clone();
    }
}
```

同时，导出 ARGS_init() 函数，以便用于外部初始化 _ARGS 变量。ARGS_init() 函数的内部工作原理和封装 Rust 字符串对象类似，首先是从 *mut String 指针还原出字符串对象，然后将字符串记录到 _ARGS 变量。因为 Rust 环境默认禁止修改全局变量，因此需要在 unsafe 块中包含相关的代码。

为了方便在 Rust 内部访问命令行参数列表，需要再包装 ARGS() 函数：

```
fn ARGS() -> Vec<String> {
unsafe { _ARGS.clone() }
}
```

基于新的代码，我们可以通过以下方法打印命令行参数（初始化工作由宿主环境完成）：

```
fn print_str(s: &str) {
   unsafe {
       env_print_str(s.as_ptr(), s.len());
   }
}

fn main() {
```

```
    for (i, x) in ARGS().iter().enumerate() {
        print_str(format!("{}: {}", i, x).as_str());
    }
}
```

其中，print_str() 函数是对导入 env_print_str() 函数的封装，隐藏了 unsafe 块的特性。

9.4.5 传入命令行参数

为了便于使用，我们依然在外部宿主环境封装 Rust ARGS_init() 函数：

```
function RustARGS_init(rustApp, ...args) {
    args.forEach((v, i) => {
        let rustString = RustString_new(rustApp, v);
        rustApp.Exports().ARGS_init(i, rustString);
        RustString_delete(rustApp, rustString);
    })
}
```

封装的 RustARGS_init() 函数的第一个参数 rustApp 依然是 RustApp 类实例，后面可选的参数是命令行参数字符串。封装函数首先遍历 args 参数，然后调用 rustApp.Exports().ARGS_init() 导出函数将每个命令行参数字符串传入 Rust 环境。

然后构建入口的 JavaScript 程序：

```
const theRustApp = new RustApp();
WebAssembly.instantiate(new Uint8Array(buf), {
    env: {
        env_print_str: (s, len) => {
            console.log(theRustApp.GetString(s, len));
        }
    }
}).then((result) => {
    theRustApp.Init(result.instance);

    // 初始化 argv
    RustARGS_init(theRustApp, ...process.argv);

    // 运行 main() 函数
    return theRustApp.Run();
});
```

上述代码中，首先通过 theRustApp.Init(result.instance) 初始化 RustApp 类的实例对象，然后调用 RustARGS_init() 方法将 process.argv 命令行参数传入 Rust 环境，最后通过 theRustApp.Run() 执行 Rust 环境的 main() 函数并打印字符串。

至此，我们就实现了从宿主传入命令行参数，然后在 Rust 程序中遍历并打印命令行参数。

9.5 no_std

如果代码对标准库依赖比较少，可以尝试开启 no_std 选项，这样可以极大地减少生成的 .wasm 文件体积。

9.5.1 输出文件的大小

以最简单的“你好 , WebAssembly!”例子为参考，实现代码如下：

```
extern "C" {
    fn env_print_str(s: *const u8, len: usize);
}

fn main() {
    let s = "你好 , WebAssembly!";
    unsafe {
        env_print_str(s.as_ptr(), s.len());
    }
}
```

首先，采用默认的构建方式输出 Debug 版本的 .wasm 文件，该输出文件体积大约为 1.7MB：

```
$ cargo build --target wasm32-unknown-unknown
$ ls -lh ./target/wasm32-unknown-unknown/debug/*.wasm | awk '{print $5}'
1.7M
```

默认方式生成的 Release 版本的 .wasm 文件的体积大约也是 1.7MB：

```
$ cargo build --target wasm32-unknown-unknown --release
$ ls -lh ./target/wasm32-unknown-unknown/release/*.wasm | awk '{print $5}'
1.7M
```

编译参数对输出 .wasm 文件的大小也有很大的影响。我们可以在 Cargo.toml 文件中增加以下内容：

```
[profile.release]
lto = true
opt-level = 's'
```

其中，[profile.release] 表示针对 Release 版本的额外构建参数；lto 表示使用链接时优化进行编译，这样可以采用更多的内联优化，不仅可以提高运行速度，而且会减小输出 .wasm 文件的体积。另外，opt-level 编译优化参数为 's'，表示 LLVM 优先优化体积而不是速度。

以新的参数构建 Release 版本，可以生成大约 400KB 大小的 .wasm 文件（只有原来的 25% 大小），这是在不改变源代码的前提下完全由编译器和连接器取得的优化成果。如果你还希望进一步减小 .wasm 文件的大小，那么可以尝试去掉默认的标准库。

9.5.2 通过 no_std 裁剪标准

源文件中包含 #![no_std]，表示关闭标准库，以下是 src/main.rs 文件的内容：

```
#![no_std]

extern "C" {
    fn env_print_str(s: *const u8, len: usize);
}

fn main() {
    let s = "你好，WebAssembly!";
    unsafe {
        env_print_str(s.as_ptr(), s.len());
    }
}
```

不幸的是，编译时出现了以下错误：

```
$ cargo build --target wasm32-unknown-unknown
error: `#[panic_handler]` function required, but not found
error: aborting due to previous error
```

错误提示：缺少 #[panic_handler] 指定的异常处理函数。我们可以通过以下方式指定异常处理函数：

```
#[panic_handler]
fn panic(_info: &core::panic::PanicInfo) -> ! {
    loop {}
}
```

该异常处理模式虽然简单粗暴，但是没有其他额外的依赖，比较适合 no_std 这种场景使用。重新编译时出现了新的错误：

```
$ cargo build --target wasm32-unknown-unknown
```

```
error: requires `start` lang_item
error: aborting due to previous error
```

错误提示：构建环境要依赖于一个start语言特性，这是WebAssembly的一个特性（载入模块时自动执行start指令指定的函数）。该新特性需要通过#![feature(lang_items)]指令才能开启，并且不能用于稳定的Rust版本（未来可能转化为正式特性）。

9.5.3　库

我们可以换一个方式暂时绕过对lang_item特性依赖的问题：将src/main.rs改名为src/lib.rs。改名之后，工程的性质就从一个可执行程序变化为库工程，而一个库是没有类似main()函数那种默认入口函数的。

重新编译工程：

```
$ cargo build --target wasm32-unknown-unknown
warning: foreign function is never used: `env_print_str`
  --> src/lib.rs:10:2
   |
10 |     fn env_print_str(s: *const u8, len: usize);
   |     ^^^^^^^^^^^^^^^^^^^^^^^^^^^^^^^^^^^^^^^^^^^
   |
   = note: `#[warn(dead_code)]` on by default

warning: function is never used: `main`
  --> src/lib.rs:13:1
   |
13 | fn main() {
   | ^^^^^^^^^
```

现在终于在关闭标准库的环境下生成了.wasm文件，文件大小只有4.5KB，体积只有之前的百分之一！不太完美的地方是编译过程中遇到了两个警告信息，原因是main()函数没有被导出，并且间接导致env_print_str()函数没有被使用到。

因此，我们可以通过手工方式导出main()函数来消除警告：

```
#[no_mangle]
pub fn main() {
    let s = "你好，WebAssembly!";
    unsafe {
        env_print_str(s.as_ptr(), s.len());
    }
}
```

到此，对“你好，WebAssembly!”例子输出的 .wasm 文件的优化工作就告一段落了。

9.6 嵌入 C 代码

C 语言接口可以说是系统编程语言的霸主。Rust 语言可以在 ABI 接口和 C 语言函数做到无缝双向调用。通过在工程中嵌入 C 代码，可以让 Rust 语言站在巨人的肩膀之上。本节将讨论如何嵌入 C 代码。

9.6.1 C 语言思维

C 语言是比较贴近硬件的抽象模型，和冯·诺伊曼机器结构非常像。C 语言指针可以访问任何内存，字符串是一段以 NULL 字符结尾的字符数组。Rust 语言中引用的底层实现和指针几乎是等价的。我们可以看看如何以 C 语言思维编写一个计算 C 字符串长度的函数。

下面是 Rust 语言的 strlen() 函数的实现：

```
unsafe fn strlen(s: *const u8) -> usize {
    let mut p = s;
    while *p != b'\0' {
        p = p.add(1);
    }
    (p as usize) - (s as usize)
}
```

C 语言的 strlen() 函数的实现：

```
size_t strlen(const char* s) {
    const char* p = s;
    while(*p != '\0') {
        p = p+1;
    }
    return (size_t)(p-s);
}
```

因为上述 strlen() 是 C 语言风格的函数，所以传入的参数也必须是以 \0 结尾的 C 语言风格的字符串指针：

```
fn main() {
    unsafe {
```

```
        let s = b"hello\0".as_ptr();
        println!("{:?}", strlen(s));
    }
}
```

这样，即使刚接触Rust语言的C程序员，也可以开始编写unsafe类型的代码。

9.6.2　连接C语言库

除了采用C/C++编程思维实现Rust语言的strlen()函数，我们也可以直接使用C语言的libc运行时库中提供的strlen()函数：

```
#[link(name = "c")]
extern "C" {
    fn strlen(s: *const u8) -> usize;
}

fn main() {
    unsafe {
        let s = b"hello\0".as_ptr();
        println!("{:?}", strlen(s));
    }
}
```

其中，#[link(name = "c")]表示后面extern "C"大括弧包含的函数都从名称为c的库查找，其实就是对应的libc.so或libc.a文件。以上代码可以工作的前提是本地环境已经有c库，否则需要重新指定库的名字。

直接连接本地的c库虽然方便，但是交叉编译时就会遇到诸多麻烦。比如在生成WebAssembly目标时可能会找不到c库：

```
$ cargo build --target wasm32-unknown-unknown
error: linking with `rust-lld` failed: exit code: 1
......
  = note: rust-lld: error: unable to find library -lc
```

更彻底的办法是同时控制C语言源码编译到库的编译过程，这样可以最大限度保证在生成WebAssembly目标时也可以生成对应的c库。

9.6.3　集成C语言源码

因为要面向的WebAssembly目标平台默认没有C语言标注库，因此C语言代码实现的WebAssembly模块中要尽量关闭标准库。这样就需要通过宿主平台提供一个简单的输出函数：

```
extern void env_print_int(int x);
```

完整的 C 代码在 src/main.c 文件中：

```
extern void env_print_int(int x);

int strlen(const char* s) {
    const char* p = s;
    while(*p != '\0') {
        p = p+1;
    }
    return (int)(p-s);
}

void cMain() {
    const char* s = "abc";
    int len = strlen(s);
    env_print_int(len);
}
```

其中，strlen() 用于计算 C 语言风格字符串的长度；cMain() 为入口函数，没有输入参数和返回值。

要将 C 代码直接编译为 .wasm 文件需要安装最新的 LLVM 工具链。对于 macOS 系统，其可以通过 brew install llvm 命令安装，安装后的可执行程序的路径位于 /usr/local/opt/llvm/bin 目录。下面是 macOS 环境下将 C 代码编译为 WebAssembly 平台 libmyclib.a 库文件的方式：

```
$ /usr/local/opt/llvm/bin/clang --target=wasm32 \
    -nostdlib \
    -Wl,--no-entry \
    -Wl,--export-all \
    -c -o main_c.o ./src/main.c
$ /usr/local/opt/llvm/bin/llvm-ar rcs libmyclib.a main_c.o
```

clang 命令中的 --target=wasm32 参数表示编译目标为 WebAssembly，-nostdlib 参数表示忽略 C 标准库，-Wl,--no-entry 表示没有 C 语言默认的 main() 入口函数，-Wl,--export-all 表示导出所有的函数。通过 llvm-ar 命令将编译的中间目标文件打包为 libmyclib.a 库文件，对应连接的名字为 myclib。

然后在 Rust 程序中通过以下方式导入 C 函数：

```
#[link(name = "myclib")]
extern "C" {
```

```
    fn strlen(s: *const u8) -> i32;
    fn cMain();
}
```

完整的 Rust 程序在 src/main.rs 文件中：

```
extern "C" {
    fn env_print_int(x: i32);
}

#[link(name = "myclib")]
extern "C" {
    fn strlen(s: *const u8) -> i32;
    fn cMain();
}

fn main() {
    unsafe {
        let s = b"hello\0".as_ptr();
        env_print_int(strlen(s));
        cMain();
    }
}
```

其中，main() 函数中首先定义一个 C 语言风格的字符串变量 s，然后通过 strlen() 函数计算字符串的长度，最终的结果通过宿主的 env_print_int() 函数输出，这里 "hello" 字符串的长度是 5。最后调用 C 语言的 cMain() 函数，其中 "abc" 字符串的长度是 3。

然后通过 rustc 命令手工构建最终的 .wasm 文件：

```
$ rustc -L . -l myclib --target wasm32-unknown-unknown ./src/main.rs -o a.out.wasm
```

其中，-L . 参数表示将当前目录添加到库文件检索路径，-l myclib 参数表示连接刚刚编译得到的 C 语言库，wasm32-unknown-unknown 表示目标平台，a.out.wasm 表示输出的文件。

构建 Node.js 启动程序：

```
const fs = require('fs');
const buf = fs.readFileSync('./a.out.wasm');

WebAssembly.instantiate(new Uint8Array(buf), {
    env: {
        env_print_int: (x) => { console.log(x); }
```

```
    }
}).then(function(result) {
    result.instance.exports.main();
})
```

如果程序运行正常，将会输出 5 和 3，分别对应 "hello" 和 "abc" 两个字符串的长度。

9.6.4 build.rs 自动构建

1. 基于 Makefile

我们已经可以通过命令行手工编译 C 语言库，为了便于维护，可以将编译命令放入 Makefile 文件：

```
myclib:
    @echo ===build myclib begin===
    /usr/local/opt/llvm/bin/clang --target=wasm32 \
        -nostdlib \
        -Wl,--no-entry \
        -Wl,--export-all \
        -c -o main_c.o ./src/main.c
    /usr/local/opt/llvm/bin/llvm-ar rcs libmyclib.a main_c.o
    @echo ===build myclib done===

clean:
```

其中，clang 和 llvm-ar 依然是 macOS 环境下的 brew install llvm 的安装路径。其他平台需要更换相应的安装路径。为了便于测试，在构建 C 语言库的开始和结束位置通过 echo 命令输出了相关信息。我们可以通过手工执行 make myclib 确保测试正常。

如果要通过 Cargo 自动构建 Makefile，首先要创建 build.rs 文件：

```
fn main() {
    std::process::Command::new("make")
        .stdin(std::process::Stdio::inherit())
        .stdout(std::process::Stdio::inherit())
        .stderr(std::process::Stdio::inherit())
        .args(&["myclib"])
        .output()
        .unwrap();
}
```

该程序通过执行 make myclib 命令构建 C 语言库，同时将标准输出和错误输出通过管道接到当前 Rust 进程。

然后更新 Cargo.toml 工程文件：

```
[package]
name = "hello-c"
version = "0.1.0"
build = "build.rs"
```

最重要的更新是将 build.rs 构建程序添加到 build 属性。如果运行 cargo build 命令，就会触发 build.rs 构建程序，进而间接触发执行 make myclib 命令。如果 C 库构建顺利，那么 build.rs 将会得到顺利执行的反馈，然后 cargo build 命令继续执行 Rust 程序的构建工作。

下面通过 cargo build 命令重新构建 .wasm 文件：

```
$ cargo build --target wasm32-unknown-unknown
error: linking with `rust-lld` failed: exit code: 1
  = note: rust-lld: error: unable to find library -lmyclib
```

不幸遇到了编译错误：unable to find library –lmyclib，表示没有找到 myclib 连接库，也就是 libmyclib.a 文件。通过查看当前的目录，可以发现 libmyclib.a 文件已经通过，这说明 build.rs 构建脚本已经正常工作了。仔细分析可以发现问题的原因是 libmyclib.a 文件不在 cargo build 命令默认的连接库检索路径中。

构建脚本的官方文档地址 https://doc.rust-lang.org/cargo/reference/build-scripts.html。通过查看文档，得知可以通过在标准输出打印特殊格式的信息来设置检索路径。

然后，修改 Makefile 文件如下：

```
myclib:
    @echo ===build myclib begin===
    ......

    @echo cargo:rustc-link-search=$(shell pwd)
    @echo ===build myclib done===
```

首先，$(shell pwd) 表示执行 shell 环境的 pwd 命令，也就是获取当前的工作目录。这个目录也是 libmyclib.a 文件所在目录。然后给当前目录添加 cargo:rustc-link-search= 前缀后输出到标准输出，而 Makefile 的标准输出会连接到 build.rs 脚本的标准输出。cargo 命令会将 build.rs 脚本的标准输出中以 "cargo:" 开头的行作为特殊的指令处理。在这里，cargo build 命令会将当前的目录添加到库的检索路径列表中。修改 Makefile 文件后再次编译就可以生成 .wasm 文件了。

2. 基于 cc 工具

基于 Makefile 构建 C 语言库需要理解每个构建环节，但是多平台的构建会导致 Makefile 文件复杂化。Rust 社区中的 cc 工具可以用于简化 C 语言部分代码的自动构建。

要使用 cc 工具构建，首先要在 Cargo.toml 文件增加以下内容：

```
[build-dependencies]
cc = "1.0"
```

上述代码表示构建环节依赖 cc 工具。然后，重新基于 cc 工具实现 build.rs 脚本：

```
extern crate cc;

fn main() {
    let host = std::env::var("HOST").unwrap();
    let target = std::env::var("TARGET").unwrap();

    if target.contains("wasm32") {
        if host.contains("darwin") {
            // macOS 平台需要单独安装 LLVM
            // 安装的路径：/usr/local/opt/llvm
            // brew install llvm

            std::env::set_var("CC", "/usr/local/opt/llvm/bin/clang");
            std::env::set_var("AR", "/usr/local/opt/llvm/bin/llvm-ar");
        }
    }

    cc::Build::new()
        .file("src/main.c")
        .compile("myclib")
}
```

cc 工具使用的 C 语言编译工具由 CC 和 AR 环境变量指定（如果缺省则会使用默认命令），因此在 macOS 环境需要将 CC 和 AR 命令指向 /usr/local/opt/llvm/bin/ 目录，然后通过 cc::Build::new() 构建编译，输出的 c 库名字为 myclib。需要注意的是，cc工具会自动将输出库文件所在目录添加到cargo的库检索目录列表中（因此不需要额外添加库检索路径）。

9.7 本章小结

本章介绍了Rust语言开发WebAssembly模块的常用技术。随着Rust对WebAssembly平台支持逐渐成熟，Rust应用已经成为WebAssembly生态的主力。Rust语言安全的编程模型和C/C++丰富的软件资源的结合，可以极大地加速WebAssembly软件的开发。到本章为止，与Rust相关的内容告一段落。下一章将介绍WASI系统接口技术。

Chapter 10 第 10 章

WASI 系统接口

WASI（WebAssembly System Interafce）是 WebAssembly 最新的一个技术发展方向，也是 WebAssembly 能够突破 Web 环境自由发展的一个必要前提。10.1 节简单介绍 WASI 系统接口；10.2 节通过不同的工具手工打造基于 WASI 系统接口的程序；10.3 节展示如何定制支持 WASI 接口的虚拟机；10.4 节讨论基于 WASI 发展而来的包管理系统和多模块依赖的管理。

10.1 WASI 简介

在学习 WASI 之前，我们需要深刻理解 WebAssembly 的本质，然后才能体会 WASI 存在的价值。WebAssembly 本质上是一个纯的虚拟机指令规范（模块的二进制格式等都属于外延部分），同时在软件层面定义了和外部宿主环境的交互接口。我们虽然可以基于 WebAssembly 虚拟机指令规范物化出不同的 CPU 实现，但是这些物化的 WebAssembly 虚拟机本身还是只能完成一些基本的纯运算。就像人的大脑可以畅想各种理想和计划，但是计划的真正实施还是需要手和脚来协助完成。因此，WebAssembly 要和外部进行真正的交互，就只能通过宿主的导出和导出接口来模拟 CPU 的外部设备。这些模拟设备可以包含网络、文件系统和其他各种抽象的资源。

WebAssembly 和 JavaScript 以及其他任何高级语言都不是竞争关系，它的目标是替代底层的 CPU。WebAssembly 是和 Java 的 JVM 对标的技术。未来，WebAssembly 不仅支持 C/C++、Rust、JavaScript 和 Java 语言，甚至会拥有专门设计的包管理系统和操作系统（包管理系统已经出现）。为了进一步规划 Web 之外的生态发展，WebAssembly 需要为网络、文件系统等一些基础设备定义函数接口。这些工作最终导致了 WASI 规范的诞生。

WASI 其实是一组宿主导入函数约定，类似 OS 的系统调用列表。下面是 WASI 中定义的文件写操作函数 fd_write 的函数签名：

```
(import "wasi_unstable" "fd_write" (func $fd_write (param i32 i32 i32 i32) (result i32)))
```

导入的 WASI 函数全部在导入对象的 wasi_unstable 属性中，包括每个函数的名字和类型信息（类型信息主要包含函数的输入参数和返回值类型）。wasi_unstable 表示模块采用的是早期的 unstable 版本，更新的还有 wasi_snapshot_preview1 等版本。两个版本的完整的函数列表在 GitHub 的 WebAssembly/WASI 项目提供的 wasi_unstable.witx 和 wasi_snapshot_preview1.witx 两个文件中定义（在 phases 子目录下）。

10.2 探秘 WASI 工作原理

目前，很多工具已经可以直接生成基于 WASI 的模块。本节将尝试探秘 WASI 底层的工作原理，分别以 Rust、C 和 WebAssembly 汇编语言构建基于 WASI 接口的程序。

10.2.1 准备工作

在开始构建之前，需要安装必要的开发工具。首先准备一个支持 WASI 接口的 WebAssembly 模块的运行工具，这里我们使用的是 wasmer 虚拟机环境。wasmer 虚拟机安装过程在第 9 章已经有说明，或者可根据官网 https://wasmer.io 提示进行安装。然后安装 wabt 命令行工具（GitHub 的 WebAssembly/wabt 项目），该项目提供了一组 WebAssembly 模块的转换和诊断工具。此外，Rust 部分需要安装 Rust 环境，C/C++ 部分需要安装 LLVM8 以上的版本（macOS 系统下需要通过 brew 安装，安装路径为 /usr/local/opt/llvm/bin）。

安装完成之后，通过以下命令逐一确认：

```
$ wasmer -V
$ wat2wasm -h
$ rustup target list | grep wasm
$ wasm-ld --version
```

其中，Rust 部分需要确认已经安装了 wasm32-wasi 和 wasm32-unknown-unknown 目标工具链。wasm-ld 则是 LLVM 工具集中用于 WebAssembly 平台的连接器。

10.2.2 探秘 wasm32-wasi 底层

使用 Rust 语言创建 wasi 应用最简单。首先创建 hello.rs 程序：

```
fn main() {
    println!(" 你好，WebAssembly");
}
```

然后通过 rustc 命令指定生成 wasi 规格的模块（--target wasm32-wasi 表示 wasi 目标类型）：

```
$ rustc --target wasm32-wasi -o a.out.wasm hello.rs
```

如果成功生成 a.out.wasm，就可以通过如下 wasmer 命令运行该模块程序：

```
$ wasmer run ./a.out.wasm
你好，WebAssembly
```

这说明 Rust 生成的 WebAssembly 模块基于宿主导入的函数输出了字符串信息。我们可以通过以下命令查看模块中导入函数的信息：

```
$ wasm2wat a.out.wasm -o a.out.wasm.wat
$ cat a.out.wasm.wat | grep import
```

上述代码中，首先采用 wasm2wat 命令将二进制格式的 .wasm 文件转换为文本格式的 a.out.wasm.wat 文件，然后通过 grep 命令显示 import 导入的函数。导入的函数列表如下：

```
(import "wasi_unstable" "fd_prestat_get" (func $__wasi_fd_prestat_get (type 3)))
(import "wasi_unstable" "fd_prestat_dir_name" (func $__wasi_fd_prestat_dir_name (type 8)))
(import "wasi_unstable" "environ_sizes_get" (func $__wasi_environ_sizes_get (type 3)))
(import "wasi_unstable" "environ_get" (func $__wasi_environ_get (type 3)))
```

```
(import "wasi_unstable" "args_sizes_get" (func $__wasi_args_sizes_get (type 3)))
(import "wasi_unstable" "args_get" (func $__wasi_args_get (type 3)))
(import "wasi_unstable" "fd_write" (func $fd_write (type 9)))
(import "wasi_unstable" "proc_exit" (func $__wasi_proc_exit (type 1)))
(import "wasi_unstable" "fd_fdstat_get" (func $__wasi_fd_fdstat_get (type 3)))
```

导入函数由宿主导入对象 wasi_unstable 提供，不再由默认的 env 属性提供。wasm32-wasi 隐含的工作就是基于 wasi_unstable 定义的函数列表生成 WebAssembly 模块。

10.2.3 Rust 和 wasm32-unknown-unknown

下面我们尝试以手工方式引入 wasi_unstable 对象的 fd_write() 函数。

在开始之前，我们先看看导入的 fd_write() 函数的具体类型：

```
(type (;9;) (func (param i32 i32 i32 i32) (result i32)))
(import "wasi_unstable" "fd_write" (func $fd_write (type 9)))
```

fd_write() 函数对应 9 号类型，有 4 个 i32 类型的输入参数和 1 个 i32 类型的返回值。通过查看 GitHub 的 WebAssembly/WASI 项目提供的文档，可以发现 fd_write() 函数的定义：

```
;;; Write to a file descriptor.
;;; Note: This is similar to `writev` in POSIX.
(@interface func (export "fd_write")
  (param $fd $fd)
  ;;; List of scatter/gather vectors from which to retrieve data.
  (param $iovs $ciovec_array)
  (result $error $errno)
  ;;; The number of bytes written.
  (result $nwritten $size)
)
```

其中，fd_write() 函数的第一个参数 $fd 是文件描述符，第二个和第三个参数是输出的数组向量的开始地址和向量长度，最后一个参数用于记录成功输出字节的数目，函数返回值 $error 是错误码（0 表示成功，其他是失败的错误码）。

输出数据由 $ciovec_array 数组表示，其中的每个 $ciovec 元素表示一个要输出的数据。它们的定义如下：

```
(typename $ciovec_array (array $ciovec))

(typename $ciovec
```

```
  (struct
    ;;; The address of the buffer to be written.
    (field $buf (@witx const_pointer u8))
    ;;; The length of the buffer to be written.
    (field $buf_len $size)
  )
)
```

现在，我们可以根据函数的类型信息在 Rust 中声明 fd_write() 函数：

```
#[repr(C)]
struct iov_t {
    base: *const u8,
    len:  usize,
}

#[link(wasm_import_module="wasi_unstable")]
extern "C" {
    fn fd_write(fd: i32, iovs: *const iov_t, iovs_len: usize, nwritten: *mut i32) -> i32;
}
```

其中，iov_t 结构体类型表示 $ciovec_array 数组中的每个 $ciovec 元素，每个元素由指针和长度表示；#[repr(C)] 表示结构体成员采用 C 语言的内存布局规则。#[link(wasm_import_module="wasi_unstable")] 用于定义宿主导入的 WASI 函数，extern "C" 用于声明每个函数，这里我们只声明了例子中用到的 fd_write() 函数。

因为一些技术和实现有难度，我们将不再包含 Rust 标准库（否则，会导致例子更加复杂）。和第 9 章讲过的例子一样，在关闭标准库之后，我们需要手工指定异常处理函数。相关代码如下：

```
#![no_std]

#[panic_handler]
fn panic(_info: &core::panic::PanicInfo) -> ! {
    loop {}
}
```

新的 Rust 例子不再包含 main() 函数，而是直接手工导出 WebAssembly 模块的入口函数 _start()：

```
#[no_mangle]
pub unsafe fn _start() {
    let s0 = b"hello ending!\n";
    let s1 = b"\xe4\xbd\xa0\xe5\xa5\xbd, chai2010!\n"; // 你好, chai2010!

    let iov = [
```

```
        iov_t { base: s0.as_ptr(), len: s0.len()},
        iov_t { base: s1.as_ptr(), len: s1.len()},
    ];

    let mut nwritten: i32 = 0;
    fd_write(1, &iov[0], iov.len(), &mut nwritten as *mut i32);
}
```

其中，#[no_mangle] 确保导出的 _start() 函数名不会被修改。函数内部定义了两个字符串（其中，第二个字符串包含 UTF8 编码的中文信息），然后两个字符串组合为一个 iov 数组，最后通过导入的 fd_write() 函数向文件描述符为 1 的标准输出设备输出信息（1 对应标准输出设备，也就是通常的命令行窗口）。

因为这个 Rust 程序没有 main() 函数，我们必须以库的方式编译：

```
$ rustc --crate-type cdylib --target wasm32-unknown-unknown -o a.out.wasm hello.rs
```

其中，--crate-type cdylib 参数表示生成 C 语言规格的动态库，而 --target wasm32-unknown-unknown 参数表示输出为纯的 WebAssembly 模块，两个参数组合的结果就是一个 .wasm 文件。

生成 a.out.wasm 文件之后，就可以通过 wasmer 内置虚拟机执行了：

```
$ wasmer run ./a.out.wasm
hello ending!
你好, chai2010!
```

正如我们期望，wasmer 内置虚拟机会导入 WASI 规范定义的 fd_write() 函数，并完成最终的输出工作。

10.2.4　C/C++ 编译成 WASI 程序

目前，WebAssembly 生态的工具绝大部分是基于 LLVM 开发的，而且 Emscripten 和 Rust 语言的编译器都是基于 LLVM 的。LLVM8 版本以后更是默认内置了对 WebAssembly 平台的支持，因此基于 LLVM 的工具链也可以将 C/C++ 编写的程序编译成 WASI 程序。

在开始之前，我们需要准备两个宏：

```
#if defined(__cplusplus)
#    define WASM_IMPORT(module_name)extern "C" __attribute__((import_module(module_name)))
#    define WASM_EXPORT extern "C" __attribute__((visibility("default")))
#else
```

```
#    define WASM_IMPORT(module_name) extern __attribute__((import_module(module_name)))
#    define WASM_EXPORT extern __attribute__((visibility("default")))
#endif
```

WASM_IMPORT 宏用于声明导入的宿主函数，WASM_EXPORT 宏用于定义导出的 C/C++ 函数。其中，__attribute__ 表示 LLVM 扩展的语法，__attribute__((import_module("env"))) 表示要修饰的函数由宿主导入对象的 env 属性提供，而 __attribute__((visibility("default"))) 则表示要修饰的函数是导出函数。

基于 WASM_IMPORT 宏，我们就可以声明 wasi_unstable 规范的 fd_write() 函数：

```
struct iov_t {
    const char* base;
    int len;
};

WASM_IMPORT("wasi_unstable") int fd_write(
    int fd, const struct iov_t* iovs, int iovs_len, int* nwritten
);
```

然后用 WASM_EXPORT 宏定义要导出的 _start() 入口函数：

```
WASM_EXPORT void _start() {
    const char s0[] = "hello world\n";
    const char s1[] = "hello clang\n";

    iov_t iovs[] = {
        iov_t{s0, sizeof(s0)-1},
        iov_t{s1, sizeof(s1)-1},
    };

    int nwritten = 0;
    fd_write(1, &iovs[0], sizeof(iovs)/sizeof(iovs[0]), &nwritten);
}
```

上述代码首先定义了 s0 和 s1 两个字符串，然后将两个字符串组成一个 iovs 数组，最后通过 fd_write() 函数向文件描述符为 1 的标准输出设备输出两个字符串。

下面是编译和连接的命令（这里是基于 macOS 平台，其他平台类似）：

```
$ /usr/local/opt/llvm/bin/clang --target=wasm32 \
    -nostdlib \
    -Wl,--no-entry \
    -Wl,--export-all \
    -c -o hello.o ./hello.cc
$ /usr/local/opt/llvm/bin/wasm-ld \
```

```
    --allow-undefined \
    hello.o -o a.out.wasm
```

上述代码首先用clang命令编译出hello.o中间目标文件。其中，--target=wasm32 参数表示编译目标为 WebAssembly；-nostdlib 参数表示不连接 C/C++ 标准库；-Wl,--no-entry 表示没有 C/C++ 语言的 main() 函数；-Wl,--export-all 参数表示标准库导出全部的函数。需要注意的是，我们使用了 WASM_EXPORT 宏标注导出函数，因此，-Wl,--export-all 不是必需的。然后用 wasm-ld 命令将 hello.o 中间目标文件连接到 .wasm 文件，其中的 --allow-undefined 参数表示连接时允许有未定义的函数（因为宿主函数是在运行时导入的）。

生成 .wasm 文件之后，就可以通过 wasmer 内置虚拟机运行了：

```
$ wasmer a.out.wasm
hello world
hello clang
```

对于普通用户来说，C/C++ 的编译和连接是难点。其实，C/C++ 的编译和 Rust 语言的 rustc 命令编译的流程类似。

10.2.5　汇编程序

目前，WASI规范已经发布了两个版本，分别是wasi_unstable和wasi_snapshot_preview1。目前，Rust 语言默认采用的是 wasi_unstable 版本的规范（Rust 1.40.0），不过由 Rust 社区开发的 wasmer 工具对两个版本的 WASI 规范都提供了支持（wasmer 0.13.1）。现在，我们尝试用 WebAssembly 汇编语言构建一个基于 wasi_snapshot_preview1 规范的程序。

下面是手工编写的WebAssembly汇编程序，展示了基于wasi_snapshot_preview1 版本的 fd_write() 函数实现的输出功能（WebAssembly 汇编语言的知识请参考作者著的另一本书《WebAssembly 标准入门》的第 4 章）。hello.wat 文件中的实现代码如下：

```
(module $hello_wasi
    ;; type iov struct { iov_base, iov_len int32 }
    ;; func fd_write(fd int32, id *iov, iovs_len int32, nwritten *int32) (errno int32)
    (import "wasi_snapshot_preview1" "fd_write" (func $fd_write (param i32
    i32 i32 i32) (result i32)))
```

```
    (memory 1)(export "memory" (memory 0))
    ;; 前 8 字节保留给 iov 数组，字符串从地址 8 开始
    (data (i32.const 8) "hello world\n")

    ;; _start() 类似于 main() 函数，自动执行
    (func $main (export "_start")
        (i32.store (i32.const 0) (i32.const 8))  ;; iov.iov_base - 字符串地址为 8
        (i32.store (i32.const 4) (i32.const 12)) ;; iov.iov_len  - 字符串长度

        (call $fd_write
            (i32.const 1)  ;; 1 对应 stdout
            (i32.const 0)  ;; *iovs - 前 8 字节保留给 iov 数组
            (i32.const 1)  ;; len(iovs) - 只有 1 个字符串
            (i32.const 20) ;; nwritten - 指针，指向欲写入的数据长度
        )
        drop ;; 忽略返回值
    )
)
```

上述代码中，首先是 module 指令定义一个模块；然后通过 import 指令导入 wasi_snapshot_preview1 版本的 fd_write() 函数，同时指定函数的类型信息；接着由 memory 指令定义内存对象，用 export 关键字导出内存对象；接着由 data 指令定义一个输出的字符串 "hello world\n"（字符串从地址 8 开始，长度为 12 字节）；最后定义入口函数 _start()（WebAssembly 规范定义 _start 为入口函数）。

在入口函数的内部，首先用 2 个 i32.store 指令将内存最开始的 8 字节按照前面的 iov_t 结构体的布局填充要输出的字符串信息，然后调用 $fd_write 输出字符串，并通过 drop 指令忽略函数的返回值。

然后，通过以下命令编译并执行：

```
$ wat2wasm hello.wat
$ wasmer run hello.wasm
hello world
```

本质上，汇编语言编写的 WebAssembly 模块和 C/C++、Rust 等高级语言编译生成的模块是等价的。但手写汇编非常烦琐，我们并不推荐用汇编语言来开发 WebAssembly 模块。然而，理解基本 WebAssembly 汇编程序是必要的，因为这样可以帮助我们更深刻地理解 WebAssembly 和 WASI 的工作原理，并且对于解决高级语言开发中的连接问题也很有帮助。

10.3 WebAssembly 虚拟机

大多数硬件CPU体系中都有一定数量的通用及专用寄存器（比如，IA32中的EAX、EBX、ESP等），CPU指令使用这些寄存器存放操作数，执行数值运算、逻辑运算、内存读写等操作。而WASM没有寄存器，操作数存放在运行时的栈上，因此WebAssembly虚拟机是一种栈式虚拟机。本节将展示几个不同WebAssembly虚拟机的使用方式。

10.3.1 准备 WebAssembly 测试模块

为了测试WebAssembly虚拟机，我们首先需要准备一个WebAssembly测试模块。这里以10.2.5节的例子作为测试模块，使用wasi_snapshot_preview1规范定义的fd_write()函数实现字符串打印功能。

10.3.2 Node.js 环境：基于 wasi 包

Node.js v13.7.0版本提供了wasi-unstable-preview1接口定义函数的完整实现（需要通过一个命令行参数启用该功能）。首先创建导入对象：

```
const { WASI } = require('wasi');

const wasi = new WASI({args: process.argv, env: process.env});
const importObject = { wasi_snapshot_preview1: wasi.wasiImport };
```

上述代码首先导入wasi包中的WASI类，然后创建WASI类的实例（可以传入命令行参数和环境变量）。wasi.wasiImport是包含wasi-unstable-preview1规范定义的函数列表对象。

然后编译并运行hello.wasm模块：

```
(async () => {
    const wasm = await WebAssembly.compile(fs.readFileSync('./hello.wasm'));
    const instance = await WebAssembly.instantiate(wasm, importObject);
    wasi.start(instance);
})();
```

WebAssembly模块实例化成功之后，需要调用wasi.start(instance)方法启动_start()函数。如果直接以instance.exports._start()方法启动，可能无法使用wasi.

wasiImport 中的函数。

然后运行命令行程序：

```
$ node --experimental-wasi-unstable-preview1 run.js
```

其中，--experimental-wasi-unstable-preview1 命令行参数表示启用 WASI 实验模块。

10.3.3 Node.js 环境：手工实现 fd_write() 函数

在手工实现 fd_write() 函数时，我们需要定义一些辅助函数。这些辅助函数主要用于辅助内存和字符串的解码操作。首先定义 WasiApp 类：

```
class WasiApp {
    constructor() {
        this._inst = null;
    }

    async Run(instance=null) {
        if(instance != null) { this._inst = instance; }
        this._inst.exports._start();
    }

    MemView(addr, len) {
        return new DataView(this._inst.exports.memory.buffer, addr, len);
    }

    GetString(addr, len) {
        return new TextDecoder("utf-8").decode(this.MemView(addr, len));
    }
}
```

其中，Run() 方法用于运行 WebAssembly 模块中的 _start() 函数，MemView() 方法用于获取某个区间的内存块对象，GetString() 方法用于从内存中解码 UTF8 编码的字符串。

然后，通过以下代码启动并运行 hello.wasm 模块：

```
const wasiApp = new WasiApp();

WebAssembly.instantiate(new Uint8Array(buf), {
    wasi_snapshot_preview1: { fd_write: fd_write }
}).then((result) => {
    return wasiApp.Run(result.instance);
}).catch((err) => {
    console.error(err);
});
```

上述代码首先创建一个 WasiApp 类的实例，然后通过 WebAssembly.instantiate 创建 WebAssembly 模块的实例，最后通过 wasiApp.Run(result.instance) 函数启动模块内部的 _start() 函数。在实例化 WebAssembly 模块时，导入对象包含 wasi_snapshot_preview1 属性，其中只有一个 fd_write() 函数（hello.wasm 模块只用到了这一个导入函数）。

fd_write() 函数基于 WasiApp 对象实现：

```
function fd_write(fd, iovs, iovs_len, p_nwritten) {
    let nwritten = 0;
    for(let i = 0; i < iovs_len; i++) {
        let iov = wasiApp.MemView(iovs + i*8, 8);

        let iov_base = iov.getInt32(0, true);
        let iov_size = iov.getInt32(4, true);
        let data = wasiApp.GetString(iov_base, iov_size);

        process.stdout.write(data);
        nwritten += iov_size;
    }
    wasiApp.MemView(p_nwritten, 4).setInt32(0, nwritten, true);
    return 0;
}
```

该函数的参数含义已经在 10.2 节详细介绍过，这里不再赘述。fd_write() 函数实现中包含一个循环，每次输出 iovs 数组中一个元素所对应的字符串。wasiApp.MemView(iovs + i*8, 8) 表示获取一个 iov 结构体的视图，其中第一个 4 字节是字符串数据的地址，第二个 4 字节是字符串的字节长度。当循环输出工作完成之后，调用 wasiApp.MemView() 函数将输出的字节总数写回到 nwritten 对应的地址空间。

10.3.4　Rust 环境：导入 wasi 包

我们之前使用的 wasmer 就是 Rust 实现的 WebAssembly 虚拟机。除了在命令行环境外，我们也可以在 Rust 程序中使用 wasmer。在使用之前，我们先在 Cargo.toml 中添加 wasmer-runtime 和 wasmer-wasi 两个依赖包。

```
[dependencies]
wasmer-runtime = "0.13.1"
wasmer-wasi = "0.13.1"
```

其中，对于 wasmer-runtime 的运行时环境，我们不仅可以在 Rust 程序中使用，还可以通过其提供的 C 语言接口在其他编程语言中使用。

在 Rust 程序开头声明如下两个 crate：

```
extern crate wasmer_runtime;
extern crate wasmer_wasi;
```

然后构建 wasi 导入对象：

```
let import_object = wasmer_wasi::generate_import_object_for_version(
    wasmer_wasi::WasiVersion::Snapshot1,
    vec![], vec![], ![], ![],
);
```

其中，wasmer_wasi::WasiVersion::Snapshot1 表示 wasi_snapshot_preview1 版本的规范。

然后实例化 hello.wasm 模块：

```
let hello_wasm = include_bytes!(concat!(env!("CARGO_MANIFEST_DIR"), "/hello.wasm"));
let instance = wasmer_runtime::instantiate(hello_wasm, &import_object)?;
instance.call("_start", &[])?;
```

上述代码中，首先由 include_bytes 宏把 hello.wasm 模块对应的字节加载到 hello_wasm 中（选择编译时包含 .wasm 文件是为了让例子简单），然后由 wasmer_runtime::instantiate(hello_wasm, &import_object) 函数调用初始化实例，并指定导入对象。实例化完成之后，通过 instance.call("_start", &[]) 调用 _start() 函数。

完整的 src/main.rs 程序如下：

```
extern crate wasmer_runtime;
extern crate wasmer_wasi;

fn main() -> wasmer_runtime::error::Result<()> {
    let import_object = wasmer_wasi::generate_import_object_for_version(
        wasmer_wasi::WasiVersion::Snapshot1,
        vec![], vec![], ![], ![],
    );

    let hello_wasm = include_bytes!(concat!(env!("CARGO_MANIFEST_DIR"), "/hello.wasm"));
    let instance = wasmer_runtime::instantiate(hello_wasm, &import_object)?;
    instance.call("_start", &[])?;
    Ok(())
}
```

最后，通过 cargo run 运行程序。

10.3.5 Rust 环境：手工实现 fd_write() 函数

现在，我们尝试以手工的方式实现并导入 fd_write() 函数，同样也是先定义 import_object 导入对象：

```
 let import_object = wasmer_runtime::imports! {
    "wasi_snapshot_preview1" => {
        "fd_write" => wasmer_runtime::func!(fd_write),
    },
};
```

其中，wasmer_runtime::imports! 以类似 JSON 的语法定义导入对象，wasmer_runtime::func! 定义要导入的函数。

fd_write() 函数的签名如下：

```
fn fd_write(
    ctx: &mut wasmer_runtime::Ctx,
    fd: i32, iovs_ptr: u32, iovs_len: u32, p_nwritten: u32,
) -> i32;
```

其中，第一个参数是 wasmer_runtime::Ctx 类型，表示当前虚拟机的上下文环境；后续参数和标准的 fd_write() 函数的参数一致。

下面是 fd_write() 函数的完整实现：

```
fn fd_write(
    ctx: &mut wasmer_runtime::Ctx,
    fd: i32, iovs_ptr: u32, iovs_len: u32, p_nwritten: u32,
    ) -> i32 {
    let mem = ctx.memory(0).view::<u8>().as_ptr();

    unsafe {
        let mut nwritten: u32 = 0;
        let mut i: u32 = 0;

        while i < iovs_len {
            let buf = *(mem.add((iovs_ptr + i*8+0) as usize) as *const u32);
            let len = *(mem.add((iovs_ptr + i*8+4) as usize) as *const u32);

            let s = String::from_raw_parts(
                mem.add(buf as usize) as *mut u8,
                len as usize, len as usize,
            );
            print!("{}", s);
            std::mem::forget(s);

            nwritten = nwritten + len;
```

```
        i = i + 1;
    }

    let p_nwritten = mem.add(p_nwritten as usize) as *mut u32;
    *p_nwritten = nwritten;
    return 0;
    }
}
```

上述代码中，首先由 ctx.memory(0).view::<u8>().as_ptr() 获取虚拟机导出的对象的内存地址，然后在循环中依次输出 iovs 数组的每个元素表示的数据。每个 iovs 数组元素有 8 字节大小，其中第一个 4 字节是字符串数据的地址，第二个 4 字节是字符串的字节长度，分别对应代码中的 buf 和 len。最后，通过 String::from_raw_parts() 函数在原生的内存段中构建字符串并打印，之后通过 std::mem::forget(s) 避免释放字符串对应的内存。同样，返回前将输出数据的字节数写回到 p_nwritten 对应的内存。

10.4 wapm 包管理器

wasmer 虚拟机的软件包中还携带了一个 wapm 包管理器。wapm 包管理器本质上是一个集中式的包 WebAssembly 模块管理工具，它提供了和 Docker 等工具类似的发布、安装、运行 WebAssembly 模块的功能。本节简单介绍 wapm 包管理器的用法。

10.4.1 安装 wapm 包管理器

安装 wapm 包管理器的过程和安装 wasmer 虚拟机的过程是一样的。在 Linux 和 macOS 等类 UNIX 平台，通过以下命令安装：

```
$ curl https://get.wasmer.io -sSfL | sh
```

对于 Windows 平台，可以从 WebAssembly 官方网站下载编译好的二进制安装程序进行安装。

安装成功之后，输入 wapm 命令查看帮助信息：

```
$ wapm
wapm-cli 0.4.3
```

```
The Wasmer Engineering Team <engineering@wasmer.io>
WebAssembly Package Manager CLI

USAGE:
    wapm <SUBCOMMAND>

FLAGS:
    -h, --help       Prints help information
    -V, --version    Prints version information

SUBCOMMANDS:
    add                        Add packages to the manifest without installing
    bin                        Get the .bin dir path
    completions                Generate autocompletion scripts for your shell
    config                     Config related subcommands
    help                       Prints this message or the help of the given subcommand(s)
    init                       Set up current directory for use with wapm
    install                    Install a package
    keys                       Manage minisign keys for verifying packages
    list                       List the currently installed packages and their commands
    login                      Logins into wapm, saving the token locally for future commands
    logout                     Remove the token for the registry
    publish                    Publish a package
    remove                     Remove packages from the manifest
    run                        Run a command from the package or one of the dependencies
    run-background-update-check  Run the background updater explicitly
    search                     Search packages
    uninstall                  Uninstall a package
    validate                   Check if a directory or tar.gz is a valid wapm package
    whoami                     Prints the current user (if authed) in the stdout
```

wapm 的子命令比较多，其中比较常用的是 wapm install（安装模块子命令）、wapm run（运行模块子命令）。

10.4.2　安装并运行 cowsay 小程序

为了便于测试，WAPM 官网提供了一个 cowsay 小程序，该程序以模拟奶牛说话的方式打印字符串 。

首先，通过以下命令安装 cowsay 模块：

```
$ wapm install cowsay
[INFO] Installing _/cowsay@0.2.0
Package installed successfully to wapm_packages!
```

上述程序中，在当前目录的 wapm_packages 子目录下安装了 cowsay 模块（也

可以通过增加 -g 参数在全局安装）。

安装成功之后，通过 wapm run 子命令执行 cowsay 小程序模块：

```
$ wapm run cowsay "hello wasm"
 ____________
< hello wasm >
 ------------
        \   ^__^
         \  (oo)\_______
            (__)\       )\/\
               ||----w |
                ||     ||
```

也可以将奶牛换成企鹅（通过 -f tux 命令行参数更换动物）：

```
$ wapm run cowsay -f tux "hello wasm"
 ____________
< hello wasm >
 ------------
   \
    \
        .--.
       |o_o |
       |:_/ |
      //   \ \
     (|     | )
    /'\_   _/`\
    \___)=(___/
```

这些模块默认是基于 WASI 接口实现和外部交互的，因此可以在任何支持 WAPM 的操作系统下直接运行。

10.4.3 创建 wapm 模块

我们首先用 Rust 语言新建一个 tuxsay 程序。main.rs 内容如下：

```
fn main() {
    print!("< ");
    for s in std::env::args().skip(1) {
           print!("{} ", s);
    }

    println!(r#">
   \
    \
```

```
         .--.
        |o_o |
        |:_/ |
       //   \ \
      (|     | )
     /'\_   _/`\
     \___)=(___/
"#);
}
```

上述代码首先通过 std::env::args().skip(1) 获取命令行参数并打印，然后输出可爱的企鹅图像。

然后通过以下命令生成 WASI 规范的 a.out.wasm 模块文件：

```
$ rustc --target wasm32-wasi -o a.out.wasm main.rs
```

要创建 wapm 包，还需要在当前目录下新建一个 wapm.toml 文件：

```
[package]
name = "tuxsay"
version = "0.1.0"
description = ""
license = "MIT"

[[module]]
name = "tuxsay-module"
source = "a.out.wasm"

[[command]]
name = "tuxsay"
module = "tuxsay-module"
```

其中，[package] 段是包的基本信息；[[module]] 段可以包含多个 wasm 模块文件，每个模块中包含其名字和文件路径信息（模块还可以通过 abi 属性指定导入函数的规范，目前的函数规范有 wasi、emscripten、none 几种类型）；[[command]] 段可用于指定执行的模块命令，每个命令包含命令名字和模块名字信息。

然后，通过 wapm run 命令执行：

```
$ wapm run tuxsay "hello wasm"
< hello wasm >
   \
    \
         .--.
        |o_o |
        |:_/ |
       //   \ \
      (|     | )
     /'\_   _/`\
     \___)=(___/
```

如果要发布到WAPM平台，还需要注册一个账号，同时要发布的包的名字和版本也需遵循相应的规则。具体的发布流程可以参考WAPM官网提供的帮助文档。

10.5 本章小结

由于WASI已经完全脱离了Web平台，因此本章内容和JavaScript已经没有多少必然的关系。为了便于测试，我们会首选Node.js作为宿主和虚拟机的交互测试环境。但是，其他高级语言都是可以独立完成类似功能的，比如Rust社区已经存在很多成熟的虚拟机开发和包管理方案，C/C++语言和Go语言等其他语言也都开发了相应的虚拟机。本章展示了WASI工作原理，同时介绍了wapm包管理器。WebAssembly是一个高速发展和变化的前沿技术，读者可以从相关社区获取最新的信息。

附录

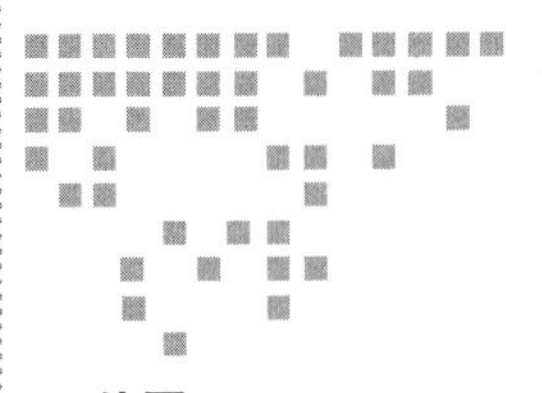

Appendix A 附录 A

WebAssembly 接口

在浏览器环境中，WebAssembly 程序运行在 WebAssembly 虚拟机之上，页面可以通过一组 JavaScript 对象进行 WebAssembly 模块的编译、载入、配置、调用等操作。

A.1 WebAssembly 对象

所有与 WebAssembly 相关的功能都属于全局对象。

值得注意的是，与很多全局对象（比如 Date）不同，WebAssembly 不是一个构造函数，而是一个命名空间对象。这与 Math 对象相似——当我们使用 WebAssembly 相关功能时，可直接调用 WebAssembly.XXX()，无须（也不能）使用类似 Date() 的构造函数。

A.2 全局方法

A.2.1 WebAssembly.compile()

该方法用于将 WebAssembly 二进制文件（.wasm）编译为 WebAssembly.Module。

方法声明

```
Promise<WebAssembly.Module> WebAssembly.compile(bufferSource);
```

参数

- bufferSource：包含 WebAssembly 二进制数据（.wasm）的 TypedArray 或 ArrayBuffer。

返回值：Promise 对象，编译好的 Module，类型为 WebAssembly.Module。

异常

- 如果传入的 bufferSource 不是 TypedArray 或 ArrayBuffer，将抛出 TypeError。
- 如果编译失败，将抛出 WebAssembly.CompileError。

A.2.2　WebAssembly.instantiate()

该方法有两种重载形式。第一种重载形式是将 WebAssembly 二进制代码译为 Module，并创建第一个实例。

方法声明

```
Promise<ResultObject> WebAssembly.instantiate(bufferSource, importObject);
```

参数

- bufferSource：包含 WebAssembly 二进制文件（.wasm）的 TypedArray 或 ArrayBuffer。
- importObject：可选，将被导入新创建的实例的对象中，包含 JavaScript 方法、WebAssembly.Memory、WebAssembly.Table。

返回值：Promise 对象。该对象包含两个属性。

- module：编译好的 Module 对象，类型为 WebAssembly.Module。
- instance：上述 Module 的第一个 Instance，类型为 WebAssembly.Instance。

异常

- 如果传入的 bufferSource 不是 TypedArray 或 ArrayBuffer，将抛出 TypeError。
- 如果操作失败，根据失败的原因不同，Promise 会抛出下述三种异常之一：WebAssembly.CompileError、WebAssembly.LinkError、WebAssembly.RuntimeError。

第二种重载形式是基于已编译好的 Module 创建 Instance。语法如下：

```
Promise<WebAssembly.Instance> WebAssembly.instantiate(module, importObject);
```

参数

- module：已编译好的 WebAssembly.Module 对象。
- importObject：可选，将被导入新创建的实例的对象中。

返回值：Promise 对象，新建的 Instance，类型为 WebAssembly.Instance。

异常

- 如果参数类型或结构不正确，将抛出 TypeError。
- 如果操作失败，根据失败的原因不同，Promise 会抛出下述三种异常之一：WebAssembly.CompileError、WebAssembly.LinkError、WebAssembly.RuntimeError。

A.2.3 WebAssembly.validate()

该方法用于校验 WebAssembly 二进制代码是否合法。

方法声明

```
var valid = WebAssembly.validate(bufferSource);
```

参数

- bufferSource：包含 WebAssembly 二进制文件（.wasm）的 TypedArray 或 ArrayBuffer。

返回值：布尔型，合法返回 true，否则返回 false。

异常

- 如果传入的 bufferSource 不是 TypedArray 或 ArrayBuffer，将抛出 TypeError。

A.2.4 WebAssembly.compileStreaming()

该方法与 WebAssembly.compile() 类似，用于编译 WebAssembly 二进制代码；区别在于前者以流式底层源为输入。

```
Promise<WebAssembly.Module> WebAssembly.compileStreaming(source);
```

该方法的返回值、异常与 WebAssembly.compile() 相同。

A.2.5　WebAssembly.instantiateStreaming()

该方法与 WebAssembly.instantiate() 的第一种重载形式类似，用于将 WebAssembly 二进制代码编译为 Module，并创建其第一个实例；区别在于前者以流式底层源为输入。

```
Promise<ResultObject> WebAssembly.instantiateStreaming(source, importObject);
```

该方法的返回值、异常与 WebAssembly.instantiate() 的第一种重载形式相同。

A.3　Module 对象

Module 对象包含已被编译为本地代码的 WebAssembly 代码，它是无状态的，可以被多次实例化。

A.3.1　WebAssembly.Module()

该方法用于同步地编译 .wasm 为 Module。

方法声明

```
var module = new WebAssembly.Module(bufferSource);
```

参数

- bufferSource：包含 WebAssembly 二进制文件（.wasm）的 TypedArray 或 ArrayBuffer。

返回值：编译好的 Module。

异常

- 如果传入的 bufferSource 不是 TypedArray 或 ArrayBuffer，将抛出 TypeError。
- 如果编译失败，将抛出 WebAssembly.CompileError。

A.3.2　WebAssembly.Module.exports()

该方法用于获取 Module 的导出信息。

方法声明

```
var exports = WebAssembly.Module.exports(module);
```

参数

- module：WebAssembly.Module 对象。

返回值：module 的导出函数信息的数组。

异常：如果 module 不是 WebAssembly.Module 对象，抛出 TypeError 异常。

A.3.3 WebAssembly.Module.imports()

该方法用于获取 Module 的导入信息。

方法声明

```
var imports = WebAssembly.Module.imports(module);
```

参数

- module：WebAssembly.Module 对象。

返回值：module 的导入对象信息的数组。

异常

- 如果 module 不是 WebAssembly.Module 对象，抛出 TypeError 异常。

A.3.4 WebAssembly.Module.customSections()

该方法用于获取 Module 中自定义 section 的数据。WebAssembly 代码是由一系列以 S- 表达式描述的 section 嵌套而成，在 WebAssembly 的二进制规范中，允许包含带名字的自定义 section。编译器可以利用这一特性，在生成 WebAssembly 二进制文件（.wasm）的过程中插入符号 / 调试信息等数据，以利于运行 debug。遗憾的是，目前 WebAssembly 平台中 .wat 文件并不支持自定义 section。

方法声明

```
var sections = WebAssembly.Module.customSections(module, secName);
```

参数

- module：WebAssembly.Module 对象。
- secName：欲获取的自定义 section 的名字。

返回值：一个数组，其中包含所有名字与 secName 相同的自定义 section，每个 section 均为一个 ArrayBuffer。

异常

- 如果 module 不是 WebAssembly.Module 对象，抛出 TypeError 异常。

A.4　Instance 对象

Instance 是 Module 实例。

A.4.1　WebAssembly.Instance()

该方法用于同步地创建 Module 的实例。

方法声明

```
var instance = new WebAssembly.Instance(module, importObject);
```

参数

- module：用于创建 Instance 的 Module。
- importObject：可选，将被导入新创建的 Instance 的对象中，包含 JavaScript 方法、WebAssembly.Memory、WebAssembly.Table、WebAssembly 全局对象。

返回值：新创建的 Instance。

异常

- 如果传入参数的类型不正确，将抛出 TypeError。
- 如果链接失败，将抛出 WebAssembly.LinkError。

A.4.2　Instance.prototype.exports

Instance 对象的只读属性 exports 包含 Instance 的所有导出对象，即 Instance 供外部 JavaScript 程序调用的接口。

A.5　Memory 对象

Memory 用于存储 WebAssembly 程序运行时数据。

A.5.1 WebAssembly.Memory()

该方法用于创建 Memory 对象。

方法声明

```
var memory = new WebAssembly.Memory(memDesc);
```

参数

- memDesc，新建 Memory 的参数，包含下述属性：

initial，表示 Memory 的初始容量，以页为单位（1 页 =64KB=65 536 字节）。

maximum，可选，表示 Memory 的最大容量，以页为单位。

异常

- 如果传入参数的类型不正确，将抛出 TypeError。
- 如果传入的参数包含 maximum 属性，但是其值小于 initial 属性值，将抛出 RangeError。

A.5.2 Memory.prototype.buffer

buffer 属性用于访问 Memory 对象的 ArrayBuffer。

A.5.3 Memory.prototype.grow()

该方法用于扩大 Memory 的容量。

方法声明

```
var pre_size = memory.grow(number);
```

参数

- number：Memory 容量扩大的值，以页为单位。

返回值：Memory 扩大前的容量，以页为单位。

异常

- 若构造时指定了 Memory 的最大容量，且欲扩至的容量（即扩大前容量 +number）超过指定的最大容量，则抛出 RangeError。

A.6　Table 对象

Table 中存储对象的引用。

A.6.1　WebAssembly.Table()

该方法用于创建 Table 对象。

方法声明

```
var table = new WebAssembly.Table(tableDesc);
```

参数

- tableDesc，新建 Table 的参数包含下述属性：

element，存入 Table 中的元素的类型，当前只能为 anyfunc，即函数引用。

initial，Table 的初始容量。

maximum，可选，Table 的最大容量。

异常

- 如果传入参数的类型不正确，将抛出 TypeError。
- 如果传入的参数包含 maximum 属性，但是其值小于 initial 属性值，将抛出 RangeError。

A.6.2　Table.prototype.get()

该方法用于获取 Table 中指定索引位置的函数引用。

方法声明

```
var funcRef = table.get(index);
```

参数

- index：欲获取的引用函数的索引。

返回值：WebAssembly 函数的引用。

异常

- 如果 index 大于等于 Table 当前的容量，抛出 RangeError。

A.6.3　Table.prototype.length

length 属性用于获取 Table 的当前容量。

A.6.4 Table.prototype.set()

该方法用于将一个引用存入 Table 的指定索引处。

方法声明

```
table.set(index, value);
```

参数

- index：Table 索引。
- value：函数的引用，可以是 Instance 导出的函数或保存在 Table 中的函数。

异常

- 如果 index 大于等于 Table 当前的容量，抛出 RangeError。
- 如果 value 为 null，或者不是合法的函数引用，抛出 TypeError。

A.6.5 Table.prototype.grow()

该方法用于扩大 Table 的容量。

方法声明

```
preSize = table.grow(number);
```

参数

- number：Table 容量的扩大值。

返回值：扩大前 Table 的容量。

异常

- 若构造时指定了 Table 的最大容量，且欲扩至的容量（即扩大前容量+number）超过指定的最大容量，则抛出 RangeError。

附录 B Appendix B

机器指令

B.1 常数指令

i32.const x：在栈上压入 x 为 i32 类型的值。

i64.const x：在栈上压入 x 为 i64 类型的值。

f32.const x：在栈上压入 x 为 f32 类型的值。

f64.const x：在栈上压入 x 为 f64 类型的值。

B.2 算术运算指令

i32.add：i32 求和。从栈顶依次弹出 1 个 i32 的值 a、1 个 i32 的值 b，将 $a+b$ 的值压入栈。

i32.sub：i32 求差。从栈顶依次弹出 1 个 i32 的值 a、1 个 i32 的值 b，将 $b-a$ 的值压入栈。

i32.mul：i32 求积。从栈顶依次弹出 1 个 i32 的值 a、1 个 i32 的值 b，将 $a*b$ 的值压入栈。

i32.div_s：i32 有符号求商。从栈顶依次弹出 1 个 i32 的值 *a*、1 个 i32 的值 *b*，按有符号整数计算 *b*/*a* 的值并压入栈。

i32.div_u：i32 无符号求商。从栈顶依次弹出 1 个 i32 的值 *a*、1 个 i32 的值 *b*，按无符号整数计算 *b*/*a* 的值并压入栈。

i32.rem_s：i32 有符号求余。从栈顶依次弹出 1 个 i32 的值 *a*、1 个 i32 的值 *b*，按有符号整数计算 *b*%*a* 的值并压入栈。

i32.rem_u：i32 无符号求余。从栈顶依次弹出 1 个 i32 的值 *a*、1 个 i32 的值 *b*，按无符号整数计算 *b*%*a* 的值并压入栈。

i64.add：i64 求和。从栈顶依次弹出 1 个 i64 的值 *a*、1 个 i64 的值 *b*，将 *a*+*b* 的值压入栈。

i64.sub：i64 求差。从栈顶依次弹出 1 个 i64 的值 *a*、1 个 i64 的值 *b*，将 *b*–*a* 的值压入栈。

i64.mul：i64 求积。从栈顶依次弹出 1 个 i64 的值 *a*、1 个 i64 的值 *b*，将 *a***b* 的值压入栈。

i64.div_s：i64 有符号求商。从栈顶依次弹出 1 个 i64 的值 *a*、1 个 i64 的值 *b*，按有符号整数计算 *b*/*a* 的值并压入栈。

i64.div_u：i64 无符号求商。从栈顶依次弹出 1 个 i64 的值 a、1 个 i64 的值 *b*，按无符号整数计算 *b*/*a* 的值并压入栈。

i64.rem_s：i64 有符号求余。从栈顶依次弹出 1 个 i64 的值 *a*、1 个 i64 的值 *b*，按有符号整数计算 *b*%*a* 的值并压入栈。

i64.rem_u：i64 无符号求余。从栈顶依次弹出 1 个 i64 的值 *a*、1 个 i64 的值 *b*，按无符号整数计算 *b*%*a* 的值并压入栈。

f32.abs：f32 求绝对值。从栈顶弹出 1 个 f32 的值 *v*，将其符号位设置为 0 后压入栈。

f32.neg：f32 求反。从栈顶弹出 1 个 f32 的值 *v*，将其符号位取反后压入栈。

f32.ceil：f32 向上取整。从栈顶弹出 1 个 f32 的值 *v*，将最接近 *v* 且不小于 *v* 的整数值转为 f32 后压入栈。

f32.floor：f32 向下取整。从栈顶弹出 1 个 f32 的值 *v*，将最接近 *v* 且不大于 *v*

的整数值转为 f32 后压入栈。

f32.trunc：f32 向 0 取整。从栈顶弹出 1 个 f32 的值 *v*，丢弃其小数部分，保留整数部分转为 f32 后压入栈。

f32.nearest：f32 向最接近的整数取整。从栈顶弹出 1 个 f32 的值 *v*，将最接近 *v* 的整数值转为 f32 后压入栈。

f32.sqrt：f32 求平方根。从栈顶弹出 1 个 f32 的值 *v*，将其平方根压入栈。

f32.add：f32 求和。从栈顶依次弹出 1 个 f32 的值 *a*、1 个 f32 的值 *b*，将 *a*+*b* 的值压入栈。

f32.sub：f32 求差。从栈顶依次弹出 1 个 f32 的值 *a*、1 个 f32 的值 *b*，将 *b*–*a* 的值压入栈。

f32.mul：f32 求积。从栈顶依次弹出 1 个 f32 的值 *a*、1 个 f32 的值 *b*，将 *a***b* 的值压入栈。

f32.div：f32 求商。从栈顶依次弹出 1 个 f32 的值 *a*、1 个 f32 的值 *b*，将 *b*/*a* 的值压入栈。

f32.min：f32 取最小值。从栈顶依次弹出 2 个 f32 的值，取其中较小者压入栈。若任一操作数为 NaN，则结果为 NaN。对于该指令来说，–0 小于 +0。

f32.max：f32 取最小值。从栈顶依次弹出 2 个 f32 的值，取其中较大者压入栈。若任一操作数为 NaN，则结果为 NaN；对于该指令来说，–0 小于 +0。

f32.copysign：从栈顶依次弹出 1 个 f32 的值 *a*、1 个 f32 的值 *b*，取 *a* 的符号位覆盖 *b* 的符号位后将 *b* 压入栈。

f64.abs：f64 求绝对值。从栈顶弹出 1 个 f64 的值 *v*，将其符号位设置为 0 后压入栈。

f64.neg：f64 求反。从栈顶弹出 1 个 f64 的值 *v*，将其符号位取反后压入栈。

f64.ceil：f64 向上取整。从栈顶弹出 1 个 f64 的值 *v*，将最接近 *v* 且不小于 *v* 的整数值转为 f64 后压入栈。

f64.floor：f64 向下取整。从栈顶弹出 1 个 f64 的值 *v*，将最接近 *v* 且不大于 *v* 的整数值转为 f64 后压入栈。

f64.trunc：f64 向 0 取整。从栈顶弹出 1 个 f64 的值 *v*，丢弃其小数部分，保留整数部分转为 f64 后压入栈。

f64.nearest：f64 向最接近的整数取整。从栈顶弹出 1 个 f64 的值 *v*，将最接近 *v* 的整数值转为 f64 后压入栈。

f64.sqrt：f64 求平方根。从栈顶弹出 1 个 f64 的值 *v*，将其平方根压入栈。

f64.add：f64 求和。从栈顶依次弹出 1 个 f64 的值 *a*、1 个 f64 的值 *b*，将 *a*+*b* 的值压入栈。

f64.sub：f64 求差。从栈顶依次弹出 1 个 f64 的值 *a*、1 个 f64 的值 *b*，将 *b*–*a* 的值压入栈。

f64.mul：f64 求积。从栈顶依次弹出 1 个 f64 的值 *a*、1 个 f64 的值 *b*，将 *a***b* 的值压入栈。

f64.div：f64 求商。从栈顶依次弹出 1 个 f64 的值 *a*、1 个 f64 的值 *b*，将 *b*/*a* 的值压入栈。

f64.min：f64 取最小值。从栈顶依次弹出 2 个 f64 的值，取其中较小者压入栈。若任一操作数为 NaN，则结果为 NaN。对于该指令来说，–0 小于 +0。

f64.max：f64 取最小值。从栈顶依次弹出 2 个 f64 的值，取其中较大者压入栈。若任一操作数为 NaN，则结果为 NaN。对于该指令来说，–0 小于 +0。

f64.copysign：从栈顶依次弹出 1 个 f64 的值 *a*、1 个 f64 的值 *b*，取 *a* 的符号位覆盖 *b* 的符号位后将 *b* 压入栈。

B.3 位运算指令

i32.clz：从栈顶弹出 1 个 i32 的值 *v*，计算从 *v* 的二进制值的最高位起，连续为 0 的位数 *k*，并将 *k* 压入栈。

i32.ctz：从栈顶弹出 1 个 i32 的值 *v*，计算从 *v* 的二进制值的最低位起，连续为 0 的位数 *k*，并将 *k* 压入栈。

i32.popcnt：从栈顶弹出 1 个 i32 的值 *v*，计算 *v* 的二进制值中为 1 的位数 *k*，并将 *k* 压入栈。

i32.and：i32 按位求与。从栈顶依次弹出 1 个 i32 的值 *a*、1 个 i32 的值 *b*，将

$a\&b$ 的值压入栈。

i32.or：i32 按位求或。从栈顶依次弹出 1 个 i32 的值 a、1 个 i32 的值 b，将 $a|b$ 的值压入栈。

i32.xor：i32 按位求异或。从栈顶依次弹出 1 个 i32 的值 a、1 个 i32 的值 b，将 a^b 的值压入栈。

i32.shl：i32 左移。从栈顶依次弹出 1 个 i32 的值 a、1 个 i32 的值 b，将 b 左移 a 位的值压入栈。

i32.shr_s：i32 数学右移。从栈顶依次弹出 1 个 i32 的值 a、1 个 i32 的值 b，将 b 数学右移 a 位的值压入栈（数学右移意味着在右移过程中符号位不变）。

i32.shr_u：i32 逻辑右移。从栈顶依次弹出 1 个 i32 的值 a、1 个 i32 的值 b，将 b 逻辑右移 a 位的值压入栈。

i32.rotl：i32 循环左移。从栈顶依次弹出 1 个 i32 的值 a、1 个 i32 的值 b，将 b 循环左移 a 位的值压入栈（循环左移意味着在移位过程中从最高位移动至最低位）。

i32.rotr：i32 循环右移。从栈顶依次弹出 1 个 i32 的值 a、1 个 i32 的值 b，将 b 循环右移 a 位的值压入栈（循环右移意味着在移位过程中从最低位移动至最高位）。

i64.clz：从栈顶弹出 1 个 i64 的值 v，计算从 v 的二进制值的最高位起，连续为 0 的位数 k，并将 k 压入栈。

i64.ctz：从栈顶弹出 1 个 i64 的值 v，计算从 v 的二进制值的最低位起，连续为 0 的位数 k，并将 k 压入栈。

i64.popcnt：从栈顶弹出 1 个 i64 的值 v，计算 v 的二进制值中为 1 的位数 k，并将 k 压入栈。

i64.and：i64 按位求与。从栈顶依次弹出 1 个 i64 的值 a、1 个 i64 的值 b，将 $a\&b$ 的值压入栈。

i64.or：i64 按位求或。从栈顶依次弹出 1 个 i64 的值 a、1 个 i64 的值 b，将 $a|b$ 的值压入栈。

i64.xor：i64 按位求异或。从栈顶依次弹出 1 个 i64 的值 a、1 个 i64 的值 b，将 a^b 的值压入栈。

i64.shl：i64 左移。从栈顶依次弹出 1 个 i64 的值 a、1 个 i64 的值 b，将 b 左移

a 位的值压入栈。

i64.shr_s：i64 数学右移。从栈顶依次弹出 1 个 i64 的值 *a*、1 个 i64 的值 *b*，将 *b* 数学右移 *a* 位的值压入栈（数学右移意味着在右移过程中符号位不变）。

i64.shr_u：i64 逻辑右移。从栈顶依次弹出 1 个 i64 的值 *a*、1 个 i64 的值 *b*，将 *b* 逻辑右移 *a* 位的值压入栈。

i64.rotl：i64 循环左移。从栈顶依次弹出 1 个 i64 的值 *a*、1 个 i64 的值 *b*，将 *b* 循环左移 *a* 位的值压入栈（循环左移意味着在移位过程中从最高位移动至最低位）。

i64.rotr：i64 循环右移。从栈顶依次弹出 1 个 i64 的值 *a*、1 个 i64 的值 *b*，将 *b* 循环右移 *a* 位的值压入栈（循环右移意味着在移位过程中从最低位移动至最高位）。

B.4 变量访问指令

get_local x：将 *x* 指定的局部变量的值压入栈；*x* 是局部变量的索引或别名。

set_local x：从栈顶弹出 1 个值，并存入 *x* 指定的局部变量；*x* 是局部变量的索引或别名。

tee_local x：将栈顶的值存入 *x* 指定的局部变量（值保留在栈顶，不弹出）；*x* 是局部变量的索引或别名。

get_global x：将 *x* 指定的全局变量的值压入栈；*x* 是全局变量的索引或别名。

set_global x：从栈顶弹出 1 个值，并存入 *x* 指定的全局变量；*x* 是全局变量的索引或别名，该变量必须为可写全局变量。

B.5 内存访问指令

i32.load offset=o align=a：从栈顶弹出 1 个 i32 的值 *addr*，从 Memory 的 *addr+o* 偏移处读取 1 个 i32 的值并压入栈。*a* 为地址对齐值，取值为 1、2、4、8。“offset=…”可省略，默认值为 0；“align=…”可省略，默认值为 4。

i64.load offset=o align=a：从栈顶弹出 1 个 i32 的值 *addr*，从 Memory 的 *addr+o* 偏移处读取 1 个 i64 的值并压入栈。*a* 为地址对齐值，取值为 1、2、4、8。“offset=…”可省略，默认值为 0；“align=…”可省略，默认值为 8。

f32.load offset=o align=a：从栈顶弹出 1 个 i32 的值 *addr*，从 Memory 的 *addr+o* 偏移处读取 1 个 f32 的值并压入栈。*a* 为地址对齐值，取值为 1、2、4、8。“offset=…”可省略，默认值为 0；“align=…”可省略，默认值为 4。

f64.load offset=o align=a：从栈顶弹出 1 个 i32 的值 *addr*，从 Memory 的 *addr+o* 偏移处读取 1 个 f64 的值并压入栈。*a* 为地址对齐值，取值为 1、2、4、8。“offset=…”可省略，默认值为 0；“align=…”可省略，默认值为 8。

i32.load8_s offset=o align=a：从栈顶弹出 1 个 i32 的值 *addr*，从 Memory 的 *addr+o* 偏移处读取 1 个字节，按有符号整数扩展为 i32（符号位扩展至最高位，其余填充 0）后压入栈。*a* 为地址对齐值，取值为 1、2、4、8。“offset=…”可省略，默认值为 0；“align=…”可省略，默认值为 1。

i32.load8_u offset=o align=a：从栈顶弹出 1 个 i32 的值 *addr*，从 Memory 的 *addr+o* 偏移处读取 1 个字节，按无符号整数扩展为 i32（高位填充 0）后压入栈。*a* 为地址对齐值，取值为 1、2、4、8。“offset=…”可省略，默认值为 0；“align=…”可省略，默认值为 1。

i32.load16_s offset=o align=a：从栈顶弹出 1 个 i32 的值 *addr*，从 Memory 的 *addr+o* 偏移处读取 2 个字节，按有符号整数扩展为 i32（符号位扩展至最高位，其余填充 0）后压入栈。*a* 为地址对齐值，取值为 1、2、4、8。“offset=…”可省略，默认值为 0；“align=…”可省略，默认值为 2。

i32.load16_u offset=o align=a：从栈顶弹出 1 个 i32 的值 *addr*，从 Memory 的 *addr+o* 偏移处读取 2 个字节，按无符号整数扩展为 i32（高位填充 0）后压入栈。*a* 为地址对齐值，取值为 1、2、4、8。“offset=…”可省略，默认值为 0；“align=…”可省略，默认值为 2。

i64.load8_s offset=o align=a：从栈顶弹出 1 个 i32 的值 *addr*，从 Memory 的 *addr+o* 偏移处读取 1 个字节，按有符号整数扩展为 i64（符号位扩展至最高位，其余填充 0）后压入栈。*a* 为地址对齐值，取值为 1、2、4、8。“offset=…”可省略，默认值为 0；“align=…”可省略，默认值为 1。

i64.load8_u offset=o align=a：从栈顶弹出 1 个 i32 的值 *addr*，从 Memory 的 *addr+o* 偏移处读取 1 个字节，按无符号整数扩展为 i64（高位填充 0）后压入栈。*a*

为地址对齐值，取值为 1、2、4、8。“offset=…”可省略，默认值为 0；“align=…”可省略，默认值为 1。

i64.load16_s offset=o align=a：从栈顶弹出 1 个 i32 的值 *addr*，从 Memory 的 *addr+o* 偏移处读取 2 个字节，按有符号整数扩展为 i64（符号位扩展至最高位，其余填充 0）后压入栈。*a* 为地址对齐值，取值为 1、2、4、8。“offset=…”可省略，默认值为 0；“align=…”可省略，默认值为 2。

i64.load16_u offset=o align=a：从栈顶弹出 1 个 i32 的值 *addr*，从 Memory 的 *addr+o* 偏移处读取 2 个字节，按无符号整数扩展为 i64（高位填充 0）后压入栈。*a* 为地址对齐值，取值为 1、2、4、8。“offset=…”可省略，默认值为 0；“align=…”可省略，默认值为 2。

i64.load32_s offset=o align=a：从栈顶弹出 1 个 i32 的值 *addr*，从 Memory 的 *addr+o* 偏移处读取 4 个字节，按有符号整数扩展为 i64（符号位扩展至最高位，其余填充 0）后压入栈。a 为地址对齐值，取值为 1、2、4、8。“offset=…”可省略，默认值为 0；“align=…”可省略，默认值为 4。

i64.load32_u offset=o align=a：从栈顶弹出 1 个 i32 的值 *addr*，从 Memory 的 *addr+o* 偏移处读取 4 个字节，按无符号整数扩展为 i64（高位填充 0）后压入栈。*a* 为地址对齐值，取值为 1、2、4、8。“offset=…”可省略，默认值为 0；“align=…”可省略，默认值为 4。

i32.store offset=o align=a：从栈顶依次弹出 1 个 i32 的值 *value*、1 个 i32 的值 *addr*，在 Memory 的 *addr+o* 偏移处写入 *value*。*a* 为地址对齐值，取值为 1、2、4、8。“offset=…”可省略，默认值为 0；“align=…”可省略，默认值为 4。

i64.store offset=o align=a：从栈顶依次弹出 1 个 i64 的值 *value*、1 个 i64 的值 *addr*，在 Memory 的 *addr+o* 偏移处写入 *value*。*a* 为地址对齐值，取值为 1、2、4、8。“offset=…”可省略，默认值为 0；“align=…”可省略，默认值为 8。

f32.store offset=o align=a：从栈顶依次弹出 1 个 f32 的值 *value*、1 个 i32 的值 *addr*，在 Memory 的 *addr+o* 偏移处写入 *value*。*a* 为地址对齐值，取值为 1、2、4、8。“offset=…”可省略，默认值为 0；“align=…”可省略，默认值为 4。

f64.store offset=o align=a：从栈顶依次弹出 1 个 f64 的值 *value*、1 个 i32 的值

addr，在 Memory 的 *addr+o* 偏移处写入 *value*。*a* 为地址对齐值，取值为 1、2、4、8。“offset=…”可省略，默认值为 0；“align=…”可省略，默认值为 8。

i32.store8 offset=o align=a：从栈顶依次弹出 1 个 i32 的值 *value*、1 个 i32 的值 *addr*，在 Memory 的 *addr+o* 偏移处写入 *value* 低 8 位（写入 1 字节）。*a* 为地址对齐值，取值为 1、2、4、8。“offset=…”可省略，默认值为 0；“align=…”可省略，默认值为 1。

i32.store16 offset=o align=a：从栈顶依次弹出 1 个 i32 的值 *value*、1 个 i32 的值 *addr*，在 Memory 的 *addr+o* 偏移处写入 *value* 低 16 位（写入 2 字节）。*a* 为地址对齐值，取值为 1、2、4、8。“offset=…”可省略，默认值为 0；“align=…”可省略，默认值为 2。

i64.store8 offset=o align=a：从栈顶依次弹出 1 个 i64 的值 *value*、1 个 i32 的值 *addr*，在 Memory 的 *addr+o* 偏移处写入 *value* 低 8 位（写入 1 字节）。*a* 为地址对齐值，取值为 1、2、4、8。“offset=…”可省略，默认值为 0；“align=…”可省略，默认值为 1。

i64.store16 offset=o align=a：从栈顶依次弹出 1 个 i64 的值 *value*、1 个 i32 的值 *addr*，在 Memory 的 *addr+o* 偏移处写入 *value* 低 16 位（写入 2 字节）。*a* 为地址对齐值，取值为 1、2、4、8。“offset=…”可省略，默认值为 0；“align=…”可省略，默认值为 2。

i64.store32 offset=o align=a：从栈顶依次弹出 1 个 i64 的值 *value*、1 个 i32 的值 *addr*，在 Memory 的 *addr+o* 偏移处写入 value 低 32 位（写入 4 字节）。*a* 为地址对齐值，取值为 1、2、4、8。“offset=…”可省略，默认值为 0；“align=…”可省略，默认值为 4。

memory.size：将当前 Memory 容量（i32 型）压入栈，容量以页为单位（1 页 = 64KB=65 536 字节）。

memory.grow：令 Memory 的当前容量为 *c*，从栈顶弹出 1 个 i32 的值 *v*，将 Memory 的容量扩大为 *c+v*。如果扩容成功，将 1 个 i32 的 *c* 值压入栈，否则将值为 –1（i32 类型）压入栈。Memory 新扩大的部分全部初始化为 0 值。

B.6 比较指令

i32.eqz：从栈顶弹出 1 个 i32 的值 *v*，若 *v* 为 0，则在栈中压入 1，否则压入 0。

i32.eq：从栈顶依次弹出 2 个 i32 值，若二者相等，则在栈中压入 1，否则压入 0。

i32.ne：从栈顶依次弹出 2 个 i32 值，若二者相等，则在栈中压入 0，否则压入 1。

i32.lt_s：从栈顶依次弹出 1 个 i32 的值 *a*、1 个 i32 的值 *b*，若 *b* 小于 *a*，则在栈中压入 1，否则压入 0。*a* 和 *b* 都被认为是有符号整数。

i32.lt_u：从栈顶依次弹出 1 个 i32 的值 *a*、1 个 i32 的值 *b*，若 *b* 小于 *a*，则在栈中压入 1，否则压入 0。*a* 和 *b* 都被认为是无符号整数。

i32.gt_s：从栈顶依次弹出 1 个 i32 的值 *a*、1 个 i32 的值 *b*，若 *b* 大于 *a*，则在栈中压入 1，否则压入 0。*a* 和 *b* 都被认为是有符号整数。

i32.gt_u：从栈顶依次弹出 1 个 i32 的值 *a*、1 个 i32 的值 *b*，若 *b* 大于 *a*，则在栈中压入 1，否则压入 0。*a* 和 *b* 都被认为是无符号整数。

i32.le_s：从栈顶依次弹出 1 个 i32 的值 *a*、1 个 i32 的值 *b*，若 *b* 小于等于 *a*，则在栈中压入 1，否则压入 0。*a* 和 *b* 都被认为是有符号整数。

i32.le_u：从栈顶依次弹出 1 个 i32 的值 *a*、1 个 i32 的值 *b*，若 *b* 小于等于 *a*，则在栈中压入 1，否则压入 0。*a* 和 *b* 都被认为是无符号整数。

i32.ge_s：从栈顶依次弹出 1 个 i32 的值 *a*、1 个 i32 的值 *b*，若 *b* 大于等于 *a*，则在栈中压入 1，否则压入 0。*a* 和 *b* 都被认为是有符号整数。

i32.ge_u：从栈顶依次弹出 1 个 i32 的值 *a*、1 个 i32 的值 *b*，若 *b* 大于等于 *a*，则在栈中压入 1，否则压入 0。*a* 和 *b* 都被认为是无符号整数。

i64.eqz：从栈顶弹出 1 个 i64 的值 *v*，若 *v* 为 0，则在栈中压入 1，否则压入 0。

i64.eq：从栈顶依次弹出 2 个 i64 值，若二者相等，在栈中压入 1，否则压入 0。

i64.ne：从栈顶依次弹出 2 个 i64 值，若二者相等，在栈中压入 0，否则压入 1。

i64.lt_s：从栈顶依次弹出 1 个 i64 的值 *a*、1 个 i64 的值 *b*，若 *b* 小于 *a*，则在栈中压入 1，否则压入 0。*a* 和 *b* 都被认为是有符号整数。

i64.lt_u：从栈顶依次弹出 1 个 i64 的值 *a*、1 个 i64 的值 *b*，若 *b* 小于 *a*，则在

栈中压入 1，否则压入 0。*a* 和 *b* 都被认为是无符号整数。

i64.gt_s：从栈顶依次弹出 1 个 i64 的值 *a*、1 个 i64 的值 *b*，若 *b* 大于 *a*，则在栈中压入 1，否则压入 0。*a* 和 *b* 都被认为是有符号整数。

i64.gt_u：从栈顶依次弹出 1 个 i64 的值 *a*、1 个 i64 的值 *b*，若 *b* 大于 *a*，则在栈中压入 1，否则压入 0。*a* 和 *b* 都被认为是无符号整数。

i64.le_s：从栈顶依次弹出 1 个 i64 的值 *a*、1 个 i64 的值 *b*，若 *b* 小于等于 *a*，则在栈中压入 1，否则压入 0。*a* 和 *b* 都被认为是有符号整数。

i64.le_u：从栈顶依次弹出 1 个 i64 的值 *a*、1 个 i64 的值 *b*，若 *b* 小于等于 *a*，则在栈中压入 1，否则压入 0。*a* 和 *b* 都被认为是无符号整数。

i64.ge_s：从栈顶依次弹出 1 个 i64 的值 *a*、1 个 i64 的值 *b*，若 *b* 大于等于 *a*，则在栈中压入 1，否则压入 0。*a* 和 *b* 都被认为是有符号整数。

i64.ge_u：从栈顶依次弹出 1 个 i64 的值 *a*、1 个 i64 的值 *b*，若 *b* 大于等于 *a*，则在栈中压入 1，否则压入 0。*a* 和 *b* 都被认为是无符号整数。

f32.eq：从栈顶依次弹出 2 个 f32 的值，若二者相等，则在栈中压入 1，否则压入 0。

f32.ne：从栈顶依次弹出 2 个 f32 的值，若二者相等，则在栈中压入 0，否则压入 1。

f32.lt：从栈顶依次弹出 1 个 f32 的值 *a*、1 个 f32 值 *b*，若 *b* 小于 *a*，则在栈中压入 1，否则压入 0。

f32.gt：从栈顶依次弹出 1 个 f32 的值 *a*、1 个 f32 的值 *b*，若 *b* 大于 *a*，则在栈中压入 1，否则压入 0。

f32.le：从栈顶依次弹出 1 个 f32 的值 *a*、1 个 f32 的值 *b*，若 *b* 小于等于 *a*，则在栈中压入 1，否则压入 0。

f32.ge：从栈顶依次弹出 1 个 f32 的值 *a*、1 个 f32 的值 *b*，若 *b* 大于等于 *a*，则在栈中压入 1，否则压入 0。

f64.eq：从栈顶依次弹出 2 个 f64 的值，若二者相等，则在栈中压入 1，否则压入 0。

f64.ne：从栈顶依次弹出 2 个 f64 值，若二者相等，在栈中压入 0，否则压入 1。

f64.lt：从栈顶依次弹出 1 个 f64 的值 a、1 个 f64 的值 b，若 b 小于 a，则在栈中压入 1，否则压入 0。

f64.gt：从栈顶依次弹出 1 个 f64 的值 a、1 个 f64 的值 b，若 b 大于 a，则在栈中压入 1，否则压入 0。

f64.le：从栈顶依次弹出 1 个 f64 的值 a、1 个 f64 值 b，若 b 小等于 a，则在栈中压入 1，否则压入 0。

f64.ge：从栈顶依次弹出 1 个 f64 的值 a、1 个 f64 的值 b，若 b 大于等于 a，则在栈中压入 1，否则压入 0。

B.7 类型转换指令

i32.wrap/i64：从栈顶弹出 1 个 i64 的值 v，舍弃高 32 位，将其低 32 位的 i32 值压入栈。

i32.trunc_s/f32：从栈顶弹出 1 个 f32 的值 v，向 0 取整（即丢弃其小数部分，保留整数部分）为有符号 i32 值后压入栈。若取整后的值超过有符号 i32 的值域，抛出 WebAssembly.RuntimeError。

i32.trunc_u/f32：从栈顶弹出 1 个 f32 的值 v，向 0 取整（即丢弃其小数部分，保留整数部分）为无符号 i32 值后压入栈。若取整后的值超过无符号 i32 的值域，抛出 WebAssembly.RuntimeError。由于无符号 i32 值始终大于等于 0，因此若操作数小于等于 –1.0，则抛出异常。

i32.trunc_s/f64：从栈顶弹出 1 个 f64 的值 v，向 0 取整（既丢弃其小数部分，保留整数部分）为有符号 i32 值后压入栈。若取整后的值超过无符号 i32 的值域，抛出 WebAssembly.RuntimeError。

i32.trunc_u/f64：从栈顶弹出 1 个 f64 的值 v，向 0 取整（既丢弃其小数部分，保留整数部分）为无符号 i32 值后压入栈。若取整后的值超过无符号 i32 的值域，抛出 WebAssembly.RuntimeError。由于无符号 i32 值始终大于等于 0，因此若 v 小于等于 –1.0，则抛出异常。

i64.extend_s/i32：从栈顶弹出 1 个 i32 的值 v，按有符号整数扩展为 i64（符号位扩展至最高位，其余填充 0）后压入栈。

i64.extend_u/i32：从栈顶弹出 1 个 i32 的值 *v*，按无符号整数扩展为 i64（高位填充 0）后压入栈。

i64.trunc_s/f32：从栈顶弹出 1 个 f32 的值 *v*，向 0 取整（既丢弃其小数部分，保留整数部分）为有符号 i64 值后压入栈。若取整后的值超过有符号 i64 的值域，抛出 WebAssembly.RuntimeError。

i64.trunc_u/f32：从栈顶弹出 1 个 f32 的值 *v*，向 0 取整（既丢弃其小数部分，保留整数部分）为无符号 i64 值后压入栈。若取整后的值超过无符号 i64 的值域，抛出 WebAssembly.RuntimeError。由于无符号 i64 值始终大于等于 0，因此若 *v* 小于等于 –1.0，则抛出异常。

i64.trunc_s/f64：从栈顶弹出 1 个 f64 的值 *v*，向 0 取整（既丢弃其小数部分，保留整数部分）为有符号 i64 值后压入栈。若取整后的值超过无符号 i64 的值域，抛出 WebAssembly.RuntimeError。

i64.trunc_u/f64：从栈顶弹出 1 个 f64 的值 *v*，向 0 取整（既丢弃其小数部分，保留整数部分）为无符号 i64 值后压入栈。若取整后的值超过无符号 i64 的值域，抛出 WebAssembly.RuntimeError。由于无符号 i64 值始终大于等于 0，因此若 *v* 小于等于 –1.0，则抛出异常。

f32.convert_s/i32：从栈顶弹出 1 个 i32 的值 *v*，将其转为最接近的 f32 型的值 *f* 后压入栈。*v* 被视为有符号整数，转换过程中可能会丢失精度。

f32.convert_u/i32：从栈顶弹出 1 个 i32 的值 *v*，将其转为最接近的 f32 型的值 *f* 后压入栈。*v* 被视为无符号整数，转换过程中可能会丢失精度。

f32.convert_s/i64：从栈顶弹出 1 个 i64 的值 *v*，将其转为最接近的 f32 型的值 *f* 后压入栈。*v* 被视为有符号整数，转换过程中可能会丢失精度。

f32.convert_u/i64：从栈顶弹出 1 个 i64 的值 *v*，将其转为最接近的 f32 型的值 *f* 后压入栈。*v* 被视为无符号整数，转换过程中可能会丢失精度。

f32.demote/f64：从栈顶弹出 1 个 f64 的值 *v*，将其转为最接近的 f32 型的值 *f* 后压入栈。转换过程中可能会丢失精度或溢出。

f64.convert_s/i32：从栈顶弹出 1 个 i32 的值 *v*，将其转为 f64 型的值 *f* 后压入

栈。v 被视为有符号整数。

f64.convert_u/i32：从栈顶弹出 1 个 i32 的值 v，将其转为 f64 型的值 f 后压入栈。v 被视为无符号整数。

f64.convert_s/i64：从栈顶弹出 1 个 i64 的值 v，将其转为最接近的 f64 型的值 f 后压入栈。v 被视为有符号整数，转换过程中可能会丢失精度。

f64.convert_u/i64：从栈顶弹出 1 个 i64 的值 v，将其转为最接近的 f64 型的值 f 后压入栈。v 被视为无符号整数，转换过程中可能会丢失精度。

f64.promote/f32：从栈顶弹出 1 个 f32 的值 v，将其转为 f64 型的值 f 后压入栈。

i32.reinterpret/f32：从栈顶弹出 1 个 f32 的值 v，将其按位原样转换为 i32 值后压入栈。

i64.reinterpret/f64：从栈顶弹出 1 个 f64 的值 v，将其按位原样转换为 i64 值后压入栈。

f32.reinterpret/i32：从栈顶弹出 1 个 i32 的值 v，将其按位原样转换为 f32 值后压入栈。

f64.reinterpret/i64：从栈顶弹出 1 个 i64 的值 v，将其按位原样转换为 f64 值后压入栈。

B.8 控制流指令

br l：表示跳转至 l 指定的 label 索引的代码块的后续点，l 为 label 别名或 label 相对层数（即相对于当前代码块的嵌套深度）。

br_if l：从栈顶弹出 1 个 i32 的值 v，若 v 不等于 0，则执行 br l。

br_table L[n] L_Default：L[n] 是一个长度为 n 的 label 索引数组。从栈顶弹出一个 i32 的值 m，如果 m 小于 n，则执行 br L[m]，否则执行 br L_Default。

return：跳出函数。

call f：f 为函数别名或函数索引。根据 f 指定的函数的签名初始化参数并调用它。

call_indirect t：t 为类型别名或类型索引。从栈顶弹出 1 个 i32 的值 n，根据 t 指定的函数签名初始化参数并调用 table 中索引为 n 的函数。

block/end：block 指令块。

loop/end：loop 指令块。

if/else/end：if/else 指令块。

B.9　其他指令

unreachable：触发异常，抛出 WebAssembly.RuntimeError。

nop：无动作。

drop：从栈顶弹出 1 个值，无关类型。

推荐阅读

引爆用户增长

本书是用户增长领域的开创性著作，是作者在去哪儿、360、百度等知名企业多年从事用户增长工作的经验总结。宏观层面，从战略的高度构建了一套系统的、科学的用户增长方法论；微观层面，从战术执行细节上针对用户增长体系搭建、用户全生命周期运营等总结了大量能引爆用户增长的实操方法和技巧。书中对电商、团购、共享经济、互联网金融等4大行业的50余家企业（360、美团、滴滴等）的100多个用户增长案例进行了详细的复盘和分析，提炼出大量可直接复用甚至复制的用户增长方案。

引爆社群：移动互联网时代的心4C法则（第2版）

本书提出的“新4C法则”为社群时代的商业践行提供了一套科学的、有效的、闭环的方法论，第1版上市后获得了大量企业和读者的追捧，“新4C法则”在各行各业被大量解读和应用，累积了越来越多的成功案例，被公认为是社群时代通用的方法论。也因此，第1版上市后，获得CCTV、京东、中国电子商会、《清华管理评论》、罗辑思维、溪山读书会、等大量知名媒体和机构的推荐，还成为多家商学院的教材。

场景方法论：如何让你的产品畅销，又给用户超爽体验

这是一部有系统理论支撑、科学方法论指导的场景营销工具书，揭示了消费者主权时代产品畅销、长销且给用户提供超爽体验的商业逻辑和实操方法。在本书中，作者结合20余年的一线操盘经验，以星光珠宝、华诗雅蒂、大悦城、海底捞等多家著名企业的实践为蓝本，为期望在场景营销上向纵深推进的企业和从业人士提供全面、扎实、科学的战略引领、战术总结、工具提炼和案例复盘。从实践到落地，从方法到思维，手把手教你掌握场景营销的精髓和核心，读后即能用。

推荐阅读

数据中台

超级畅销书

这是一部系统讲解数据中台建设、管理与运营的著作，旨在帮助企业将数据转化为生产力，顺利实现数字化转型。

本书由国内数据中台领域的领先企业数澜科技官方出品，几位联合创始人亲自执笔，7位作者都是资深的数据人，大部分作者来自原阿里巴巴数据中台团队。他们结合过去帮助百余家各行业头部企业建设数据中台的经验，系统总结了一套可落地的数据中台建设方法论。本书得到了包括阿里巴巴集团联合创始人在内的多位行业专家的高度评价和推荐。

中台战略

超级畅销书

这是一本全面讲解企业如何建设各类中台，并利用中台以数字营销为突破口，最终实现数字化转型和商业创新的著作。

云徙科技是国内双中台技术和数字商业云领域领先的服务提供商，在中台领域有雄厚的技术实力，也积累了丰富的行业经验，已经成功通过中台系统和数字商业云服务帮助良品铺子、珠江啤酒、富力地产、美的置业、长安福特、长安汽车等近40家国内外行业龙头企业实现了数字化转型。

中台实践

超级畅销书

本书是国内领先的中台服务提供商云徙科技为近百家头部企业提供中台服务和数字化转型指导的经验总结。主要讲解了如下4个方面的内容：

第一，中台如何帮助企业让数字化转型落地，以及中台在资源整合、业务创新、数据闭环、应用移植、组织演进 5 个方面为企业带来的价值；

第二，业务中台、数据中台、技术平台这3大平台的建设内容、策略和方法；

第三，中台如何驱动新地产、新汽车、新直销、新零售、新渠道5大行业和领域实现数字化转型，给出了成熟的解决方案（实现目标、解决方案和实现路径）和成功案例；

第四，开创性地提出了“软件定义中台”的思想，通过对中台的进化历程和未来演进方向的阐述，帮助读者更深入地理解中台并明确未来的行动方向。

推荐阅读

WebAssembly原理与核心技术

- 作者是资深WebAssembly技术专家和虚拟机技术专家，对Java、Go和Lua等语言及其虚拟机有非常深入的研究
- 从工作原理、核心技术和规范3个维度全面解读WebAssembly，同时给出具体实现思路和代码

面向WebAssembly编程：应用开发方法与实践

- WebAssembly先驱者和布道者撰写
- 详细讲解使用C/C++/Rust等高级语言开发WebAssembly应用的技术和方法